超声波处理植物种子新技术

主　编　郭孝武

副主编　严卓晟　严卓理

西北农林科技大学出版社

图书在版编目（CIP）数据

超声波处理植物种子新技术 / 郭孝武主编. -- 杨凌:
西北农林科技大学出版社, 2021.3
ISBN 978-7-5683-0942-4

Ⅰ.①超… Ⅱ.①郭… Ⅲ.①超声处理种子 Ⅳ.
①S335.2

中国版本图书馆CIP数据核字(2021)第048785号

超声波处理植物种子新技术

郭孝武　主编

出版发行	西北农林科技大学出版社		
地　　址	陕西杨凌杨武路3号	**邮　编：**	712100
电　　话	总编室：029-87093195	发行部：	029-87093302
电子邮箱	press0809@163.com		
印　　刷	陕西天地印刷有限公司		
版　　次	2021年3月第1版		
印　　次	2021年3月第1次		
开　　本	787 mm×1092 mm　1/16		
印　　张	11		
字　　数	158千字		

ISBN 978-7-5683-0942-4

定价：49.00元

本书如有印装质量问题，请与本社联系

序言 ▶

当我首次看到这本新书《超声波处理植物种子新技术》时，一个令人难忘的情景涌上心头。那是 1958 年，我作为河南分院的成员，被派往中国科学院声学所（当时属电子所）超声室进修。室主任是 1955 年刚由美回国的超声学专家，我国超声科研事业的开创者——应崇福教授。那时，一切工作都刚开始。在 1959 年初的全所大会上，应先生报告工作进展时说："我们将超声用于处理绿豆种子，取得发芽率明显提高的效果。所以说，我们是靠豆芽起家的！"真没想到，超声处理种子在我国超声发展史上，曾起过重要的起点作用。

不久，陕西师范大学赵恒元教授创建的陕师大应用声学所，与中科院声学所协作开展了"功率超声及其应用"的研究。其中一项就是超声在农业上的应用。随后，在 1964 年 4 月的首届全国声学会议上，陕师大声学所的袁畹兰，发表了《超声波对冬小麦生长发育及增产效果的初步研究》第一篇论文。同年 11 月，首届全国超声应用学术会议上，中国农科院蔬菜所、北京市农业科学研究所等多家单位，也报告了此方面的研究进展。陕师大声学所至今仍坚持这一科研方向，不断取得成果并培养出此专业的许多博士、硕士人才。

郭孝武教授自上世纪 80 年代以来，就潜心于"超声波处理植物种子及其机理的研究"，可以说他在此领域辛勤耕耘，奉献了毕生心血。前些年，为适应国家中医制药技术现代化发展，他相继编著了《超声提取及其应用》《超声提取分离》及《超声提取分离新技术》等三本专著。在十几年的时间里，能连续为广大读者提供新作，实属罕见与不易。

作为郭孝武教授的好友及同龄人。担心他年事已高，身体多疾，曾劝诫他"注意自己健康，写书适可而止吧"。但他却把写书看作报效国家、回报社会的义务与良机。他依据自己厚实的科研积累，结合国内最新研究成果，仍不顾病痛，苦心写作，又花费了整整三年时间，再次奉献了这本《超声波处理植物种子新技术》的完整书稿。

在此书中他首先回顾了超声处理植物种子技术在我国的发展历程；考虑到跨专业应用的特点，简要给出有关超声波的基本理论知识及实用计算公式；并用相当篇幅阐述了超声波处理种子的物理机理研究，其中包括某些探索性的理论分析和颇有价值的新见解；还详细介绍了当前国内采用的各种先进超声波处理设备及其工作原理；同时，列举了超声波处理植物种子在粮食作物、蔬菜、中草药材、经济作物、林木、牧草、花卉等种植方面的应用实例；最后，叙述了超声波处理植物种子技术在农业现代化发展中的前景。

纵观全书，这确是一本较全面了解此领域研究和应用的好书。真诚地希望致力于超声波处理植物种子研究的同行及广大读者，能惠于细心研读，以增进知识、交流技能，共同为我国农业现代化贡献聪明才智与力量。我想这也是作者的殷切希望所在吧。

愿我们共同努力，让应崇福、赵恒元两位前辈联手种下的这粒超声种子，永远在祖国大地上，生根发芽、茁壮成长、繁衍生息、造福人民！

张德俊
于中国科学院武汉物理与数学研究所
2020 年 8 月 20 日

前 言 ▶

　　我国是个农业大国，重农固本，是安民之基，治国之要。农业在国民经济中是提供物质生产的基础，是满足人类生存的保障，必须生产出优质高产的植物产品以满足人们的生活需求。但农业是与自然结合最为紧密的一类产业，在人类与自然做斗争的过程中，人们利用农村现有的土地资源，发挥各种技术作用，以提高农业种植整体水平，获得植物作物增产。种子是植物繁殖的第一要素，种子的活力影响着植物的整个生命过程，人们通过各种途径以保持及提高种子的生命力。为了达到目的，人们利用各种技术在种植前对种子进行预处理，以促进植物种子活力，获得增产效果。通过种植实验显示，超声波处理植物种子新技术不仅绿色环保，无毒无污染，使用方便，安全可靠，而且能有效改善产品的品质，提高农业产品产量。

　　我国是一个以农业发展为基础的国家，在生产实践中人们就利用浸种、施基肥等简单的方法对植物种子在播种前进行处理，以求植物生长旺盛，收获时获得增产。随着社会的发展，科技的进步，在20世纪出现了使用化肥农药等的化学农业促使植物发育。通过生产实际，人们认识到过量使用化肥农药，会造成土壤及环境污染，使地力衰竭，农产品品质下降且危害人们健康。随后出现的各种先进的不同学科的物理方法，人们通过使用，发现物理方法中的声学技术——超声波处理植物种子技术，为农业的发展提供了利于环境又可增产的手段，从而开始对种子进行超声波预处理。

进入 21 世纪后，随着电子技术、计算机技术等的迅速发展，超声学理论研究的不断深入，必将推动超声波处理农作物种子技术在农业中的广泛应用，推动超声波技术向更新更广的领域发展。

我国的"一带一路"倡议，为农业国际化提供了发展机遇。要发挥我国农业的特色，提供高质量的农业产品，使农业产品走向世界，以顺应世界农业发展趋势。在这新的形势要求下，笔者感到有必要将正在蓬勃发展的、有生命力的超声波处理植物种子新技术和有关应用内容编纂成书，把国内外的实时应用和发展加以总结，以期为农业种植的各个领域的研究、应用提供有价值的参考；为超声波处理植物种子技术应用开辟一条广阔之路，促进超声波处理种子设备有更大的发展；为促进农业现代化、发挥超声波处理技术的作用提供条件。

作者结合自己原来在超声波农业种植的多年研究中积累的知识、所取得的科研成果和奖励以及当前适于农业植物种子处理的新一代超声波处理设备，又查阅了大量的国内外相关文献和专利，编写了这本书，以供从事农业粮食作物、蔬菜、中草药材、林业、牧业、花卉等植物有性繁殖的种植领域研究者、生产者、科研技术人员及广大读者，更深入地了解和应用这一适用的超声波处理植物种子新技术。

本书共分 6 章，首先简述了超声波处理植物种子新技术的应用和发展概况；为了使各专业人员在超声波处理植物种子的过程中，对超声波处理的基本知识有所认识，简要介绍了所使用的超声波处理设备上标注的电流、电压、频率和功率等参数的计算公式；进而探讨了超声波处理植物种子新技术的机理研究，为应用超声波处理植物种子新技术提供理论基础；随后详细叙述了在农业生产中出现的超声波处理植物种子新技术的设备结构和工作原理；同时，通过多年的大量实验实例，系统地总结了超声波处理植物种子新技术在粮食作物、蔬菜、中草药材、经济作物、林木、牧草、花卉等种植领域的广泛应用；最后，简要叙述了超声波处理植物种子新技术在农业现代化新形势要求下的发展前景。

作者在本书编著过程中考虑到物理学与农业种植的专业特点，结合超声波处理的有关内容，力求做到语言通俗，概念清晰，以满足从事不同专业领域种植的读者的阅读需求。

本书由陕西师范大学郭孝武担任主编，拟订编写大纲，负责编写第1—3、5、6章以及前言、目录、后记等辅文的整理，成稿后进行全书的修改和统稿；广州市金稻农业科技有限公司严卓晟、严卓理担任副主编，负责编写第4章。

本书承蒙中国科学院原武汉物理与数学所张德俊研究员作序，并在写作和理论探讨方面给予指导，且不畏暑热，在抗疫中审阅、详批密改，耗费了不少心血；另外，王喆之教授、张清安教授等许多同志对此书给予热忱帮助和建议并提供资料，加以审阅和修改；尤其在设备方面得到了广州市金稻农业科技有限公司的有力支持，在此一并谨致谢忱。

由于本书内容涉及农、林、牧、中草药等农业种植的不同领域，知识面宽，而本人水平、知识面有限，错漏之处在所难免，敬请各位专家、广大读者不吝赐教，批评指正 (E-mail：gxw@snnu.edu.cn)，以便使本书更加完善。若本书的出版能使读者对超声波处理植物种子新技术有更深刻的了解，对该技术进一步在农业种植中的应用有所裨益，作者将倍感欣慰。

郭孝武

2021 年 1 月 8 日于西安

目　录

Contents

第一章　超声波处理植物种子新技术的发展概况 001

1.1 超声波处理植物种子新技术 002

1.2 超声波处理植物种子新技术的发展概况 002

1.3 超声波处理植物种子新技术的作用与特点 012

第二章　超声波处理植物种子新技术的理论基础 018

2.1 什么是超声波 018

2.2 超声波是客观存在的自然现象 019

2.3 超声波技术发展简史 021

2.4 超声波的特殊性质 023

2.5 超声波处理种子过程中所应用的超声波参数 028

第三章　超声波处理植物种子新技术的机理研究 033

3.1 超声波处理种子原理的实验研究 034

3.2 超声波处理种子原理的理论分析 040

3.3 超声波处理中影响种子萌发力的因素 046

第四章　超声波处理植物种子的设备..............................053

4.1 超声波处理植物种子增产调优设备的发展方向.................055

4.2 湿植物种子的超声波增产调优处理设备...................056

4.3 干植物种子的超声波增产调优处理设备...................063

4.4 超声波处理植物种子设备的特点和发展方向...............066

第五章　超声波处理植物种子新技术的应用...................069

5.1 超声波处理粮食作物种子新技术的应用...................070

5.2 超声波处理蔬菜种子新技术的应用.......................087

5.3 超声波处理中草药材种子新技术的应用...................094

5.4 超声波处理经济作物种子新技术的应用...................119

5.5 超声波处理林木种子新技术的应用.......................129

5.6 超声波处理牧草种子新技术的应用.......................139

5.7 超声波处理花卉种子新技术的应用.......................143

第六章　超声波处理植物种子新技术与农业现代化及发展前景.....152

6.1 超声波处理植物种子新技术与农业现代化.................152

6.2 超声波处理植物种子新技术在农业现代化中的发展前景..157

后　记..165

—— 第一章 ——

超声波处理植物种子新技术的发展概况

早在 20 世纪 30 年代，国外就开始了超声波在农业方面的应用研究，将超声波用来处理马铃薯和豌豆，发现它们的发育都加快了。马铃薯提早开花 7 d，可增产 33% 以上；豌豆产量也增加了 3.2 倍。用超声波处理糖甜菜种子，结果根产量提高 15.02%。但由于当时科技条件和设备的限制，超声波处理技术发展比较缓慢。到 50 年代，随着物理、电子、材料和生物等科学的发展，超声波处理又逐渐开展起来，开始对小麦、黑麦等进行超声波处理试验，观察到种子萌发能力、种苗发育强度、在发芽期内的呼吸强度都显著提高；到 60 年代，进行超声波在农业方面的研究的国家逐渐增多，但仍是零星的、较小型的实验研究；到 70 年代，在较大面积上对农作物种子的超声波处理实验研究已开始出现，研究范围先多是从蔬菜方面进行研究，如利用超声波处理黄瓜、西红柿、辣椒等蔬菜种子，随后逐渐扩大到研究小麦、玉米等农作物种子，后来又扩大到中草药材人工栽培、珍贵林木树种的催芽等。研究内容已由促进植物种子发芽，提高发芽率到加速植株生长、促进植物早熟和增加产量的研究，再到进一步利用不同功率超声波的特殊作用探讨对植物植株、根茎、块根的发芽、生长等方面的应用。所以对超声波应用于农业的研究，是近代把物理学新技术应用于农业大生产的研究课题之一。因此，随着电子、物理学科的飞跃发展，超声波处理技术将不断地渗透到农业各个领域的应用研究中。在此只讲述在植物种子、植株生长发育等方面应用的超声波处理技术。

1.1 超声波处理植物种子新技术

种子处理是指植物播种前利用物理、化学、生物等方法，对播种材料进行晒种、浸种、药剂处理、菌肥拌种等一系列的消毒、刺激措施的种植前预处理方法的总称。

超声波处理植物种子新技术是将超声波应用于农业植物种子播种前对种子预处理的一种加速植物发育、提高种子活力、获得高产丰收的物理方法，是在农业植物种子处理方面应用的以超声波作为一种能量输入形式的一种新技术。即将植物种子放入一定量的超声场中，通过不同时间的超声波处理，利用其所产生的强烈振动的超声波能量作用于植物种子上，使种子受到不同的刺激，促进植物种子发芽及其幼苗和植株、根系的生长发育，以达到比野生或常规种植培育的植物生长速度快，实现结实增产的目的。

1.2 超声波处理植物种子新技术的发展概况

随着电子工业的飞跃发展，超声设备不断改进和完善，超声波技术渗透到了农业的种植中，已作为农业植物种子预处理方面的一种促发芽、加速幼苗发育、获得高产的方法，也是强化植物种子生长速度，以达增产的一种无污染的新方法。人们首先将超声波的物理概念、理论引入植物种子种植中，通过多次、多品种的实践，使超声波对植物种子所起的促进作用显现出它的优越性。该技术纷纷应用于不同品种的植物种子种植中，使超声波处理技术有了更广阔的发展空间，迎来了新的机遇。

1.2.1 超声波处理植物种子新技术在农业生产中发展应用的机遇

随着高新技术产业化发展和国内国际形势的变化，自身具有独特优势的超声波处理植物种子新技术正面临着新世纪前所未有的发展机遇和挑战。

（1）国内的农业发展对高新技术的需求日益迫切

20世纪，我国受传统农业发展模式的制约，农村在经营体制方面仍以小规模经营为主，农产品种植单一，多为使用化肥、农药达到农业增产目的的农业生产模式，造成地力衰竭，土壤及环境污染，难以提高农产品的产量、质量和实现农业持续发展，使农村耕种土地资源不能得到最大化利用。随着我国经济的高速发展，科技事业突飞猛进，进入21世纪后，人们对生活环境、农产品等方面的概念都赋予了新的内涵。随着时代的进步，必须走生态农业之路，这迫切要求人们应用高新技术改变农业耕种方式，提高农作物产量和质量。多学科渗透融合为农业现代化提供了强大的技术支撑和推动力，对于物理学科中的超声波处理植物种子新技术，人们寄予了莫大的期望，以期通过使用方便、安全可靠的超声波处理植物种子新技术来达到增产、优质、抗病和高效的目的，使农业向着绿色、生态和环保的方向发展，生产出绿色、无公害的农产品，提高农产品的经济价值。

（2）应用高新技术处理的国际环境有了变化

我国是一个以农业发展为基础的国家，农业人口众多。伴随着现代化经济的不断发展，我国农业现代化的实现，需要高素质的人才，结合农村现有的耕地资源，才能使农业现代化得到迅猛发展。但是，据报道：如今农村受过高中以上教育的人数在总人数中比例小，文化水平较低；加上城市经济的发展使农村青年进城市打拼，农村劳动力减少，致使耕地资源得不到最大限度的运用。随着经济的发展，小型的农业经营规模已很难适应现代化的发展进程，要想更快地发展现代化农业经济，适应"一带一路"农业合作的国际化的发展需求，就必须采用专业化的经营方式，应用前沿的农业科学技术来发展农业，以大规模的经营模式发展特色化的农业产品，构建出全新的农业发展产业链，促进农业现代化的农村经济的发展。特别在我国实施"一带一路"共同发展的国际化农业政策的有利机遇下，更应发挥我农业大国的特色，使农业产品走向世界，以顺应世界农业发展趋势。并充分利用现代科学技术相关的物理方法——超声波处理植物种子技术，实现专业化、大规模、特色化的农业经营模式，提高专业化农业进程，不断应用新的科学技术，来促进农产品的不断更新换代，形成特色化的产品，用以促进农业更好地向着现代化的方向发展，以适应变化中的国际环境。

（3）超声波处理植物种子新技术的科学研究应更加深入

超声波处理植物种子新技术是应用物理的方法来处理农作物种子，实现农业生产环境防控，达到农业增产，用以培养出优质、抗病和高效的作物品种，以便改变农业生产模式，提高农产品产量和品质，实现农业科技的升级，促进生态良性循环，以保护农业生产环境，实现农业持续发展。所以在科技发展的今天，结合农业经营中的实际现实，深入研究超声波处理植物种子新技术在农业不同种植产业中应用的情况；实现多学科相结合，发挥物理学科的超声波处理技术在农业种植业中的作用，以促使农业发展成为生态、绿色农业，实现无害化生产，为市场提供优质绿色安全的农业产品，来适应社会的需求，进一步推动农业现代化的发展。

鉴于超声波处理植物种子新技术在农业种植业中是提高种子活力的一条重要途径，所以在农业生产上的应用越来越广泛。因此，要结合农业实际，深入研究，抓住机遇，共同努力，相信超声波处理植物种子新技术在农业种植业等不同行业生产中必将有更大的发展。

1.2.2 超声波处理植物种子新技术在我国农业领域中应用的发展历程

超声波处理技术是 20 世纪出现并发展起来的一项新技术，被广泛应用，但由于当时电子和超声波技术的水平较低，超声波处理技术的研究和应用受到很大限制。随着科学技术的进步，高效、经济的各种功率超声源的制备和提供，为超声波处理植物种子新技术的应用提供了重要条件。国际上于 20 世纪 30 年代就开始应用超声波处理植物种子新技术，当时利用已出现的简单的超声波设备对黄瓜、番茄、辣椒等蔬菜的种子和对马铃薯块茎进行了处理，发现超声波对这些植物种子处理种植后，可缩短生长发育期，增加产量。我国是从 20 世纪 60 年代开始超声波相关研究的，先是用超声波处理小麦种子，后逐步发展、扩大品种，对不同的植物的种子进行超声波处理摸索研究，直到 21 世纪的今天。经过这漫长的历程，超声波处理植物种子新技术在我国经过了以下几个阶段：

第一阶段，超声波处理植物种子新技术的认识起步（零星实验"20 世纪 50—60 年代"）阶段

随着国外超声波技术的广泛应用，我国于 1956 年把超声波技术的研究和应用纳入国家制订的科学规划中，使超声波技术推广应用在我国开始起步。自 1958 年开展"超声波化"运动以后，超声波技术逐渐为人们所熟知，群众性的应用广泛开展，先用于工业的探伤、焊接等方面，后在国外将超声波技术用于处理蔬菜种子的实验启发下，我国对超声波处理植物种子新技术的实验研究，如雨后春笋般发展起来。首先将超声波处理植物种子新技术应用于处理小麦、白菜和菠菜等种子，进行种植试验，结果发现，用适量的超声波处理能刺激发芽和幼苗生长，并有良好的增产效果。随后到 60 年代，研究者借鉴超声波对不同的植物种子进行处理试验的研究，将试验结果进行总结，

在国内有关杂志上发表了许多论文，初步的试验与研究打开了超声波处理植物种子新技术应用于农业种子处理的大门，为超声波处理植物种子新技术的发展开辟了新的道路。

第二阶段，超声波处理植物种子新技术的摸索（扩大品种"20世纪70年代"）阶段

在应用超声波处理植物种子试验研究的启示下，研究者们以缩短生长发育期，增加产量的促进作用为目的，利用现有的超声波清洗设备开始进行不同品种的植物种子和部分植物种子扩大种植研究，探讨超声波在种植过程中对种子的影响，拉开了超声波处理植物种子新技术研究的序幕。通过实验室水培小样品实验的摸索和探讨，进而播种在大田中进行田间试验。陕西师范大学应用声学研究所自1972年起开始了超声波在农业应用的研究工作，与种植小麦、蔬菜、中药材等单位、生产队结合，进行超声波处理技术对不同品种的植物种子影响的田间试验。通过多年多次的重复试验，证实用适宜声学剂量的超声波处理，不但对农作物小麦、玉米等大种子有良效，而且对白菜、黄瓜以及桔梗、丹参等小种子都有不同的刺激作用和增产效果。这些不同品种的试验，为农业上广泛应用超声波处理植物种子新技术提供了有力的依据。

第三阶段，超声波处理植物种子新技术的探讨（机理研究"20世纪80—90年代"）阶段

随着电子工业的发展，超声清洗设备不断完善，人们认识到超声波在农业处理中所起的作用，纷纷用不同的超声波处理设备对不同植物品种的种子进行种植实验。多年来我国科研人员对超声波处理植物种子新技术经过上百次多品种的田间试验，进行了系统、完整、全面的探讨。在实验研究探讨的基础上，认真地对田间试验的结果进行总结、分析，探讨了种子形态、结构等的变化。并对中草药材植物的药效进行了检测，得出了超声波处理药材种子后，收获药材与野

生药材的药效、成分一样，没有变化的结论。这些探讨研究，为超声波处理植物种子新技术的广泛应用铺平了道路，为农业现代化大规模生产应用提供了理论依据，加速了超声波处理植物种子新技术进入农业生产的进程。

第四阶段，超声波处理植物种子新技术的推广（应用研究新时代）阶段

进入 21 世纪后，超声波处理植物种子新技术有了迅速的发展，引起了诸方面的重视，在多品种的实验的基础上，研究者纷纷将超声波处理植物种子新技术应用于农、林、牧、蔬菜等作物的种植生产中，并取得了很好的经济效益，发表了数百篇论文，使超声波处理植物种子新技术广泛地应用起来，进入了农业种植生产领域大范围应用研究阶段。但因受到超声波处理设备的处理量的影响，对于农作物的大面积种植难以达到生产的要求。随着科学技术的不断发展，为了抓住我国的创新强农、协调惠农、绿色兴农等政策实施的机遇，超声设备厂家纷纷投资研究出新的用于处理作物种子的专用超声波植物种子处理设备，如广州市金稻农业科技有限公司"植物种子增产处理装置及系统"等处理设备，为农业广泛应用和大面积推广超声波处理植物种子新技术提供了条件，以促进我国农业生产的发展，加速超声波处理植物种子新技术在农业生产中的广泛应用。

由此看出，超声波处理植物种子新技术用于农业生产是经过了漫长的认识过程的。人们通过不断实验、摸索探讨和扩大种植，使超声波处理进入了农业生产，为农业增产发挥了它应有的作用。

1.2.3 超声波处理植物种子新技术在我国的应用现状

从超声波处理植物种子新技术应用经过的四个阶段可看出，当超声波处理植物种子新技术一出现，就受到人们的极大关注，都想将这一新技术用于农业的不同品种的植物种植中，加速该植物的生长，提

高产量，增加经济效益，以促进农业生产大发展。因而，使其基础理论研究、设备的更新以及农、林、牧、蔬菜等种植方面的应用都取得了较大的进展。对于农业种植业生产者来说，为了抓住新世纪农业大发展的战略机遇，适应世界大抓农业的大潮流，就要充分利用我国现有的丰富的土地资源，以实现农业现代化，使应用更活跃，进而促进农业生产的发展。现从以下几方面来看超声波处理植物种子新技术在国内的应用现状：

（1）公开发表超声波应用于处理植物种子的论文数增加

随着电子工业的发展，农业生产的需要，出现了不同的适合农业应用的超声波处理植物种子的设备，给研究者提供了对各种植物种子处理的实验条件。应用不同型号的超声波处理植物种子的设备在各个种植领域进行小面积超声波处理实验的研究，在学术论文中进而得到反映。所以在 21 世纪的前 20 年中，据不完全统计，这方面发表的论文近千余篇，比 20 世纪中发表的相关论文总数还要多。硕、博士发表的实验论文数 50 篇左右，并且利用超声波处理植物种子新技术所做的田间实验过程还申请了专利。由此可见超声波处理植物种子技术在 21 世纪被人们重视的程度。

（2）使用超声波处理技术的植物种类增多

随着超声波处理植物种子新技术在田间农作物、蔬菜小样品的种植实验取得了显著效果，人们逐渐将超声波处理技术应用到中药材的人工种植以及经济作物、林、牧、花卉等植物种子的种植领域。研究超声波处理植物种子的品种不断增多，由对水稻、小麦、白菜等植物种子用超声波处理，扩大到对白术、丹参、桔梗、烤烟、桑籽、水杉、柱花草等上百种植物种植的研究中。且在农业种植方面应用超声波处理植物种子新技术的研究人员增多，加速了超声波处理植物种子新技术在农业领域中的应用，促进了农业种植的发展，增加了农业收获产量，使其已成为一种使植物产量增长的新方法。由此可见超声波处理植物种子新技术在 21 世纪被农业种植的认可程度。

（3）研究工作进展迅速

随着超声波处理植物种子新技术在各个种植领域的应用，该技术也随之应用于植物药材的人工栽培种植中，科研人员用数百次多品种植物种子的种植实验，证明了超声波处理植物种子新技术的显著效果。但为什么超声波能提高植物种子发芽率、促进幼苗生长、增加产量呢？研究人员进而深入探讨超声波处理种子后的机理，以便为超声波处理植物种子新技术的应用提供理论依据。到 21 世纪，科研人员由田间实验转入超声波处理植物种子的机理研究，使研究工作进入了超声波处理植物种子的机理探索，发表了部分论文，并总结了探讨的结果。由此可见对超声波处理植物种子新技术研究的深入程度。

（4）研究领域扩大

在 20 世纪，人们主要是采用超声波处理植物种子的技术，观察超声波对植物种子的影响，发现经超声波处理的植物种子种植后，发芽率高、生长快、产量高，受到广大研究者的青睐。到 21 世纪，随着超声波处理设备的不断完善，超声波处理植物种子新技术已广泛应用到粮食作物、林、牧、油料、蔬菜、中草药等不同领域的种植中，扩大了超声波处理植物种子新技术的应用领域，进入了多个种植领域、多品种植物应用研究阶段，使超声波处理植物种子新技术的应用更加广泛。由此可见超声波处理植物种子新技术在实际应用中的普及程度。

（5）申请用超声波处理植物种子而种植的专利增多

随着知识专利在我国的出现，人们都有了维护知识产权的思想，在利用超声波处理植物种子后，以作为小样品田间实验方法而申请专利的有几十个；在设备设计制作方面出现了超声波多种多量的处理种子设备、超声波处理植物种子装置、超声波处理植物种子罐等专业化设备的专利；在种植方面也申请了用超声波处理种子后的种植实验专利。由此看出超声波处理植物种子新技术的种植方法和设备开发的成熟程度。

（6）超声波处理设备产业化

随着超声波设备的不断完善和进步，由单一的工业用的清洗机设备发展到农用超声波种子处理多种设备。在20世纪都是利用现有的超声波清洗机进行植物种子处理的小样品实验，通过多次实验和田间小面积种植，证实种植前用超声波预处理植物种子比常规浸种预处理植物种子种植后的增产效果的优越性。人们看到了超声波处理植物种子技术的独特之处，纷纷研制推出了各种具有特色的超声波处理植物种子的农用专用设备。看好了21世纪超声波处理植物种子技术发展的大好形势，有些企业家具有超前思维和与时俱进的开拓实干精神，抓住机遇，竞相将原有的超声波清洗机改造为超声波农业处理植物种子设备，各自打出超声波处理植物种子招牌，先冲锋在前，再进而详细研究，推出产品，制造出了各种形状的适合大田处理植物种子生产应用的超声波处理植物种子新设备。如广州市金稻农业科技有限公司制造的"植物种子处理机""植物种子增产处理装置及系统"等，使超声波处理植物种子技术迅速地进入产业化，以支持农业现代化的发展，适应目前实施的"一带一路"政策的国际化的策略。由此可见超声波处理植物种子设备设计走向专业化的程度。

超声波处理植物种子新技术的小样品种子种植实验的广泛应用，和超声波处理植物种子的机理研究都为超声波处理植物种子新技术走向农业生产应用创造了有利条件，加快了《全国农业现代化规划》的实施，为农业种植领域带来可观的经济效益，为我国农业生产种植技术带来根本性的变化，同时也为大功率超声波的应用开辟了新的领域。

1.2.4 超声波处理植物种子新技术的发展方向

现阶段超声波处理植物种子新技术在农业种植大生产中的应用现状及发展过程，必然显现出它的优缺点。一切新技术、新方法都是在实践与应用中取得的，并不是一开始就很完美，而是通过实践与理论分析，不断改进、完善，才会有更大的发展。对于超声波处理植物种子新技术来说，今后应该继续开展这些方面的工作：

（1）建立完整的超声波处理植物种子新技术资料库

尽管在应用超声波处理植物种子新技术对植物种子处理的小样品田间实验和研究的基础上，对部分农作物进行了大量的实验和研究，积累了一定的经验和数据，但更须进一步改革传统的耕作种植方式，建立完善的田间大生产模式，开展超声波处理植物种子新技术全过程的研究，以寻求有效可行的超声波处理植物种子新技术的途径和方法。继续深入地研究超声波对植物生长发育过程的影响变化，使超声波处理植物种子新技术适应不同种植业领域的农业大田的生产，提高农业生产量，满足各种植业领域的大生产的需要。总结经验，积累数据，发挥超声波处理植物种子新技术的作用，促进农业发展，建立完整的超声波处理植物种子新技术应用资料库。加速改革，使这种新技术得以满足时代的进步。

（2）制造实用型的超声波处理植物种子新技术的专用设备

在超声波处理植物种子新技术方面积累一定的经验和数据，制造出适于农业生产种植的设备。如广州市金稻农业科技有限公司制造的"植物种子处理机""植物种子增产处理装置及系统"等，使超声波处理植物种子的设备适于不同种植领域的规模化生产，以适应农业现代化种植业的需要。

（3）进行深入的超声波处理植物种子的机理研究

国内外很多学者在这方面做了大量的工作，从理论上分析了超声波处理植物种子新技术的机理。而研究者们通过田间实验种植的显微照片，对多种植物细胞进行观察，研究了超声波处理植物种子新技术能提高产量、增强生长发育的内在因素；还用测定植物生长成熟后植物体内所含成分的对比方法，确定了超声波处理植物种子后不改变植物体内成分，又可增加植物体收获产量，并且证实了促生的原因是由于超声波空化等效应的作用。但植物品种繁多，种子形态各异，不同种子受超声的作用各有不同的效果。所以在处理机理方面还需要做大量工作，搞清机制，进一步促进超声波技术在农业种植中的广泛应用，以期同行们进行系统的探讨。

随着人们对超声波处理植物种子新技术的广泛应用和超声学理论研究的不断深入，超声波处理植物种子新技术必将被应用于更新、更加广泛的农业种植业领域，必将给农业这一古老的耕作、种植行业注入新的活力，使之发扬光大，生机勃勃；必将成为农业生产的有力工具，从而推动超声波处理植物种子新技术向更广阔的领域发展。

总之，超声波处理植物种子新技术在农业大生产种植中的初步应用，为我国提高农业产品质量与产量提供了理论依据和实施条件。超声波处理植物种子新技术广泛应用于农、林、牧、蔬菜、中药材等种植方面的范例，将是超声波处理植物种子新技术发展的必然趋势，对改造传统的种植方式，具有广泛的应用前景。超声波处理植物种子技术结合先进的其他技术，必将发挥出更大的作用，促进农业现代化发展，生产出更多高质量、稳定可靠的农业产品以服务人类。

1.3 超声波处理植物种子新技术的作用与特点

在20世纪对农作物、蔬菜等植物处理种植研究的基础上，将超声波处理植物种子新技术纷纷应用到各个植物种植领域的试验中，都产生了不同的效果，为农业种植领域生产发挥了其特有的作用和特点。

1.3.1 超声波处理植物种子新技术对农业生产发展的作用

在农业发展中，新技术开发为农业产业现代化发展奠定了基础，技术支撑是带动农业产业发展的重要动力，而超声波处理植物种子新技术已是牵动农业种植行业全面进步的关键技术之一。其应用研究对保证农业收获产量，提高农业种植整体水平，带动农业生产规范化，实现农业现代化，推进农业产品走向世界具有非常重要的现实意义。并在其他种植生产中也发挥了它自身的独有作用。

（1）提高产量和质量

种子是农业的重要物质，是农业生产和科学种田的最基本、最重要的生产原料，其质量的优劣影响到植物的整个生命过程，在很大程度上决定了植株的生长发育和产量，直接关系到农业发展的好坏。同时，无数的丰产事实证明，通过不同途径保持及提高种子的生命力，选择、培育适合于当地条件的良种，在农业生产中对农业增产具有很重要的现实意义。因此，种子作为农业种植增产的第一要素，受到人们特别的重视，所以在种植前要对种子进行选种和预处理。预处理已是农业生产中的一个重要环节，是提高田间出苗率、促进幼苗生长发育、缩短作物生长周期的一种新方法，也是维持作物高产稳产、提高产量和质量的重要途径。因此，采用先进的预处理技术和设备有利于提高农业产品的质量。随着现代科学技术的不断进步，预处理植物种子技术的研究手段和方法越来越多，越来越好，物理农业在农业生产中显示出了它们的优越性，在实现农业现代化中发挥着它的作用。因此，采用物理农业中的超声波处理植物种子新技术有利于防止种子在萌发和幼苗生长期间遭受病虫害的侵袭，提高种子活力和种子发芽率，促进种子发育，加速幼苗生长，从而增加产量。所以在实际应用中，应进一步加强这种新技术的研究和开发，使超声波处理植物种子新技术成为提高农业种植业收获产品的产量、质量和农业发展效率的方法之一，在农业生产中具有重要的意义。

（2）加速改善当前农业现代化的耕种生产模式

在 20 世纪，我国受传统农业发展模式的制约，在农村经营规模的发展仍以小规模为主，使农产品种植非常分散，难以形成专业化的生产模式，造成农村耕地资源没有得到最大化利用。随着经济的发展，小型的农业经营规模已难以适应现代化的发展进程，要想发展现代化农业经济，就必须采用专业化的经营模式。利用现代的先进技术发展有特色的农业产品，构建农村发展产业链，促进现代化农村经济的发展；采用超声波处理植物种子新技术，改善农业生产模式，提高农业产品的现代化内涵和生产的现代化程度。只有不断地应用新的科学技术，改变农业的耕种生产模式，发挥新技术的作用，才能加速农产品的更新换代，以促进农业向着现代化的方向发展。

可见，在农业中应用先进科学技术的发展理念，为农业提供新的发展模式是发展现代化农业的重要保证。

（3）促进农业产品走向世界

"一带一路"向国际化发展，要适应变化中的国际环境，必须改变化学农业生产模式，向有利植物生长和作物生存的环境，有专业化、大规模、特色化的农业生产模式发展，以便满足人类"回归自然"的要求，以及人民对绿色、无公害农产品的需求。为了建立多极世界，共同打造人类命运共同体，促进共同发展，实现共同繁荣的合作共赢之路，依托"一带一路"倡议布局，打造绿色农业产业链，实现生态、生产、经营的有机统一与协调发展，以期达到符合国际主流市场对产品的标准和要求。再融合丝绸之路沿线新兴经济体的农业资源特色，以实现农业现代化、国际化，更好地满足人民的生活和经济建设的需要，这是对农业研究与种植产业开发的必由之路。让具有优势和特色的农产品大步地走向世界，并永远屹立于世界优秀民族农业文化之林，应用新技术进行种植势在必行。因此，超声波处理植物种子新技术是促进农业产品走向世界的重要技术，它的广泛应用必将为农业产品提供走向世界市场的有利条件。

由此看出超声波处理植物种子新技术是现代农业重要的组成部分，其研究可为建立规模化农业生产原料、生产基地和为品牌化的农产品提供有力依据，也是实现生态农业、有机农业、绿色农业的重要手段。

1.3.2 超声波处理植物种子新技术在应用中所具有的特点

超声波处理植物种子新技术是进入 21 世纪后才有所发展的、以能量与信息的形式作用于农业生产过程的物理农业的一种，广泛用于粮食作物、经济作物、蔬菜、药材、林牧等各种种植领域的新技术。这个以声学控制的，对植物种子播前进行预处理的技术已进入农业生产中，它既有利于保护生态环境，又可促进生产出绿色、无公害的农产品，在提高农产品的经济价值的同时，又有利于人的身体健康，所以超声波处理植物种子新技术在农业中广为应用。它与传统的种子播前预处理技术相比，具有以下特点：

（1）超声波处理植物种子技术可提高种子活力，增加种植后植物收获的产量，提高了植物产品质量

对种子播前预处理应用的技术都对种子有一定的刺激作用，用一定量的超声波处理植物种子后，可大大提高种子活力，促进种子发芽，增加出苗率，增强植物抗病、抵御自然灾害及适应环境变化的能力，并且能加速植物种子发育和植株生长，进而增加植物收获的产量，还能提高植物产品品质，是农业种植领域在种子播种前预处理应用的一种有效方法。

（2）超声波处理植物种子技术不改变种植后植物本身所含成分的结构

用超声波处理技术对植物种子处理后，通过种植试验和未处理的种子生长发育相比较，种子播种后，生长的植物植株本身所含化学成

分不变。特别对人工种植的中药材植物，当种子用超声波处理种植后，生长一定期限所收获的药材，通过提取，用仪器检测和层析色谱法图谱，与未处理的药材进行比较，证实了用超声波处理药材种子种植后，所得的药材本身所含的化学成分及结构未发生变化，但药材药用部位的产量提高了。如秦官属等用超声波处理桔梗种子后[17]，对人工种植两年生和原种子种植三年生的桔梗根，用薄层层析图谱比较，两者图谱一致。这为超声波处理植物种子新技术在农业种植业的应用提供了有力的证据。

（3）超声波处理植物种子技术是一种高效、绿色环保、无环境污染，且成本低廉的农业预处理技术

超声波处理植物种子技术是以声波作用于种子的物理方法新技术，用该技术处理种子种植后，在植物生长过程中，不使用农药、化肥，可避免化学物质污染土壤造成的地力衰退、环境污染、农作物品质下降，甚至危害人体健康的弊端。且超声波处理设备的操作方法简单，处理方便，易于掌握。同时，超声波处理技术还能充分利用农业现有资源，是一种环保又成本低廉的农业种子预处理的新技术，必将在农业生产种植业中得到更加广泛的应用。

由上看出，超声波处理植物种子新技术是一个发展中的新方法，它必将不断地在农业各领域的应用中取得突破和完善，凸显其独特优势。

随着电子技术、计算机技术和新材料科学的迅速发展，超声波处理植物种子新技术也进一步向有利于农业现代化大生产的方向发展。从生产实践中进一步提升超声波处理植物种子新技术的理论研究，再用理论创新直接指导实践，对于在农业上的广泛应用有着重大的意义，也为农业生产提供了一条简单、易行、能提高生产效率的新路子。可以预料，超声波处理植物种子新技术研究的不断深入和超声波处理植物种子新技术设备的不断涌现，必将对农业生产发展有极大的推动作用。

参 考 文 献

[1] 郭孝武. 超声提取及其应用 [M]. 西安：陕西师范大学出版社，2003：39-50.

[2] 郭孝武. 超声技术在药用植物种植栽培中的应用 [J]. 世界科学技术——中药现代化，2000，2(2)：24-26.

[3] 程存弟. 超声技术——功率超声及其应用 [M]. 西安：陕西师范大学出版社，1993：257-310.

[4] 郭孝武. 药用植物种植栽培的超声新技术 [C]// 第二届中国野生植物和利用科学与人类生活研讨会论文，北京，2001，10月，112-115.

[5] 郭孝武. 超声波对药用植物资源的作用探讨 [C]// 全国应用声学学术会议论文集，西安，1984：198-200.

[6] 郭孝武. 超声技术在农业中应用研究的现状及发展趋势 [C]// 全国功率超声学术会议论文集，无锡，1989：121-123.

[7] 吴海燕，欧阳西荣. 粮食作物种子处理方法研究进展 [J]. 作物研究，2007，21(5)：525-530.

[8] 安净，沈艳妍. 物理农业在天津市西青区现代化农业发展中的作用 [J]. 农业工程，2013，3(1)：71-72.

[9] 周绪全. 我国农业现代化发展中存在的问题及其对策探讨 [J]. 南方农业，2017，11(5)：69-70.

[10] 张建光. 声波物理技术在农业生产中的应用 [J]. 河北农业科技，2008(12)：55.

[11] 侯志宏. 植物声频控制器的应用 [J]. 农业技术与装备，2008(6)：19.

[12] 生物系超声波应用研究小组. 超声波处理菠菜和白菜种子的初步试验报告 [J]. 华南师院学报，1959(3)：100-103.

[13] 史忠礼. 超声波对几种林木种子发芽的影响 [J]. 林业科学，1959(5)：51-53.

[14] 刘振业. 超声波对小麦生长发育影响的研究 [J]. 农业学报，1959(6)：475-483.

[15] 刘山，欧阳西荣，聂荣邦. 物理方法在作物种子处理中的应用现状与发展趋势 [J]. 作物研究，2007，21(5)：520-524.

[16] 沈同，王镜岩. 生物化学 (上册)[M]. 北京：高等教育出版社，1990：234-236.

[17] 秦官属，郑凤霞，陆森文，等. 桔梗野生家种的研究 [J]. 陕西省商洛地区科技成果选编，1979(1)：13-15.

— 第一章 —

超声波处理植物种子新技术的理论基础

超声处理植物种子新技术是将超声波在农业种子处理方面应用的一种新技术，是将超声能量作用于植物种子上，以促进植物种子发芽、幼苗和植株生长发育，达到结实增产的目的，也是一种加速植物发育的方法。

2.1 什么是超声波

超声波是声波的一部分，是超过声音频率范围的声波，即人耳听不见，频率在 $20 \sim 10^6$ kHz，波长为 $0.01 \sim 10$ cm 的声波。故超声波和声波有共同之处，也遵循声波传播的基本规律，广泛地存在于自然界，都是由物质振动而产生的弹性机械波，且都只能在介质中传播，具有反射、折射等各种特性。超声波具有和声波不同之处的突出特点，即超声波具有较高的频率与较短的波长。所以，超声波也与波长很短的光波有相似之处：有能定向传播的束射特性；在传播过程中由于超声波频率高，使物质分子得到的能量也高；传播的距离长，所以超声波有其强度被介质吸收而衰减消耗的吸收特性等。

超声波在介质中传播既是一种波动形式，又是一种能量形式，在传播过程中与媒介相互作用会产生超声效应，也可产生机械、空化和热等作用。因此，超声波作为一种机械能量形式，具有能量高、穿透力强等特点。因其波长短，衍射不明显，所以能定向传播。这些特性决定了超声波在不同领域中都有广阔的用途。

2.2 超声波是客观存在的自然现象

超声波是人类听觉器官听不见的声波，而声波是振动体（空气和其他物质受到振动）发出的声音，有高有低，即有一定的振动次数（频率），所以它和声波一样。超声源也广泛地存在于自然界，而人类听觉器官只能听到一定范围（声频）的声音。若能听到更大范围的声频，那么人类在这生存的空间里，就会被自然界的嘈杂声干扰而无法生存，所以听不到其他声音是人类的幸运。最初人们看到蝙蝠能在漆黑的夜晚自由自在地飞行，在丛林中飞行不会撞到树上，在山洞中飞行不会撞到岩石上，而且还能在黑夜里捕捉食物，引起了许多科学家的研究兴趣。最早意大利科学家斯勃拉采尼花了多年时间专门探讨蝙蝠的这种技能。他的实验是先把蝙蝠的眼睛蒙住，然后放飞在挂了许多绳子，绳子上系了一些铃铛的一间漆黑的房子里，结果蝙蝠照常在漆黑的房子中自由地飞行，一点也碰不到绳子，铃铛不响。为了进一步研究，又把蝙蝠嗅觉、味觉、触觉破坏掉，都不影响蝙蝠的正常活动。斯勃拉采尼思考着是否蝙蝠有特别灵敏的听觉器官？后将蝙蝠的耳朵或嘴巴封住，让蝙蝠在房间里飞行，结果房间里铃声大作，蝙蝠就像一只无头苍蝇一样，到处碰壁，证实了蝙蝠丧失了听觉和嘴巴是无法安全飞行的。但他当时无法解释蝙蝠靠着灵敏的听觉就能辨别方位和寻觅食物，其原因何在。

随着科学研究的进步，当研究者掌握了超声波知识后，联想到蝙蝠的飞行本领，才弄明白这一问题。有人做过这样一个试验：在蝙蝠飞行的空间里，放一些蛾子和跟蛾子体积大小相仿的塑料体，结果蝙蝠在飞行过程中，能准确无误地捕捉蛾子，避开塑料体。证实了蝙蝠的小嘴在飞行的过程中，会不断地发出断续的叫声——人耳听不到的超声波。这些一束一束地直线发射的声波遇到障碍物会反射回来，蝙蝠用耳朵能灵敏地听到这些反射回的超声波，作以识别，就会判断出障碍物在什么地方，障碍物是什么，从而及时地改变飞行方位避开障碍物，准确地捕捉猎物。据报道，蝙蝠利用超声波导航，可避开1毫米直径的障碍物。从这一实验来说，在自然界很早就已存在着超声波了。

在蝙蝠的启发下，科学家们争相研究，用各种精密仪器测量自然界的声音，寻找超声波发射源。发现在漆黑的深夜静谧之时，自然界中频率为 15 ～ 25 kHz 的声音最强，正是各种昆虫、动物用不同频率的声音在交谈、歌唱、谈情接吻之时，而到清晨强度逐渐减弱，特别在炎热的白昼，这种高频带声音几乎完全消失。

经过研究测试，在哺乳动物中，大象能听到和发出频率大概在 20 ～ 20 000 Hz 之间的声音；狗和猫，都能听到 20 kHz 以上的超声频；鱼类、两栖类、爬虫类和鸟类在 100 ～ 5 000 Hz 的听觉范围内；猫头鹰最敏锐的听觉在 2 ～ 9 kHz 频率范围，还能听到和发射超声波；而有趣的是 Winter（文特）用两只雄性蝼蛄与一只雌性蝼蛄做试验：将两只雄的各放在相距 8 米距离的泥盆中，中间放一雌的，当两雄的发声后，中间雌的很快跑到其中一边去，当这只停止叫唱时，雌的就向另一只雄的那边跑去，同时用 34 kHz 的笛发声时，雌的就会向笛声处跑去，说明蝼蛄是用 34 kHz 声波进行发射和接收的。阿乌特鲁姆发现叶蝗虫对 90 kHz 的声频有清晰的反应；沙列东证明水蝉能听见 40 kHz 的超声波；有人借助灵敏的超声波接收器发现蜜蜂用 20 ～ 22 kHz 超声波交谈，寻找食饵；夜蛾类昆虫对 200 kHz 的声波反应敏感，常用屏息反射，飞走或停止等方式免遭蝙蝠被食；还测出蟋蟀常在夜间聚集在一起高声歌唱，不但能发出可听波段的悦耳的大合唱，还能发出 24 ～ 32 kHz 的"交谈"声。除动物能发出超声波外，还测出各种物体的振动、植物体的摇晃、水的流动声、大风的呼啸声、刺骨的寒风声、海浪的拍击声等除了可发出听得见的声波外，还含有大量的超声波的声频。由此可见，在自然界中除可听声存在外，还存在着人耳听不见的超声波振动，证实了超声波在自然界是客观存在的自然现象。

在我们的生产、生活实践中，人们通过发射和接收超声波也能像蝙蝠那样发现目标或采集信息。如利用蝙蝠的声呐系统，研制出了声呐设备，用于海洋的鱼类探测，潜艇前的障碍物探寻等。还利用超声波的特性服务于农业、工业等各种领域。

2.3 超声波技术发展简史

声音是人类用于交流的一种方式。在很早的古代，人们就已经开始认识和研究声音，用各种发声源，创造出人耳听觉感到悦耳的各种声频，使人类从精神上得以享受。在我国出土的文物中有许多乐器和演奏乐器的图案，这就证实了古人在实际应用中有了关于声音的研究。随着科学技术的发展和生产实践，人们才开始认识和研究人耳听不见的超声波。

1880 年，法国物理学家居里兄弟 (J. Curie and P. Curie) 在研究石英晶体的电现象时，发现某些不具有对称中心的天然晶体，当受到一定方向外力作用时，其表面上会产生出电荷，他们把这种现象称为压电效应，具有压电效应的晶体叫压电晶体。这种现象发现一年后，理论物理学家李普曼从理论上分析，如果因受到压力而变形，一种物体会产生电，那么反过来，给这种物体加上一定电压就会变形。同年，居里兄弟又通过实验证实了这个分析结果，通过对压电效应进行深入研究，发现如果把压力变成张力，产生的电荷会改变极性；同样，如果在加电时把正负极颠倒过来，那么物体的形变会由伸长变成缩短。

当把交变电流输入到石英晶体上时，石英晶体就会按照交变电流的相同频率振动起来而发出声音。如果交变电流的频率在超声波范围内，发出的就是超声波。通常把这种利用具有压电效应的压电材料制成能产生超声波的器件，即是把高频电能变成超声机械能的装置，叫作压电式超声换能器。由上看出，利用居里兄弟最早发现的压电材料——石英晶体可制成两种压电式换能器：用交变电流使其压电晶体振动的系统产生超声波的换能器，叫作发射式超声波换能器；用超声波压力使其压电晶体变形而产生电能的系统，叫作接收式换能器。

随着人们在实践中的探讨，科学家们发现，世界上大约有三分之二的天然宝石具有压电效应。虽然石英压电晶体是产生超声波的一种重要的实用的稳定性好的压电材料，但石英晶体机电耦合系数小，价格昂贵，用石英晶体做成的换能器难以广泛应用，而多用于实验室的科学研究之中。为了使超声波广泛地得到应用，人们相继研制出了能产生超声波的酒石酸钾钠晶体、人工控制的石英晶体、铌酸锂单晶等人造晶体和钛酸钡、锆钛酸铅等压电陶瓷人工晶体材料。这些压电陶瓷都是按照一定原料配方，经研磨、成型、焙烧而成。焙烧好的陶瓷经过极化处理，使其显示出压电性。然后对具有压电性的陶瓷施加一高频交变电场，使陶瓷产生与外加交变电场频率相同的振动，即产生声波——高频超声波。压电陶瓷具有换能效率高、成本低、易于成型及适应性广等优点，所以它得以广泛应用和推广，是易于组合的超声源。后来还发现有些有机物如聚偏二氟乙烯(PVF2)等也有压电效应，这样就大大扩展了压电材料的种类，为制造发出超声波的换能器和超声波的广泛应用提供了条件。

同时在实践中还发现，有一些金属和磁性材料，在磁场的作用下也会产生形变或利用外力使其形变能产生磁场的特性，如纯镍、钴、铁氧体和稀土等材料，称为磁致伸缩材料，人们把产生的这一现象称为磁致伸缩效应。把有磁致伸缩效应的材料制成换能器件，把电磁能变成超声频振动能的装置，称为磁致伸缩换能器。

随着超声技术迅速发展和各种频率的电子管放大器的出现，大功率的高频电发生器研制成功，使超声波的应用有了更新的发展。1918 年法国科学家郎之万在总结前人研究探索的基础上，用石英晶体试制成功了夹心式压电超声波换能器，制造了最早的水下声呐而用于反潜实践中。从此以后各国都利用声呐探测潜艇，并秘密地进行有关水声设备的研究和改进，促使各国广泛地重视超声技术理论研究。

在实践应用超声波过程中，人们对超声波认识更加深入。到 1925 年皮尔斯又发明了超声波干涉仪；1929 年美籍奥地利人赫茨菲和美国人赖斯解释了超声的传播理论；1932 年荷兰人德拜等发明了测量液体中传播的超声波的波长和速度的光栅衍射法；到第二次世界大战时期，各国竞相研究和生产军用的超声波探测仪。可以看出，自超声波被发现后，超声技术的发展开始是应用于军事及海洋方面，后用于二次世界大战的反潜以及海洋探测方面。在民用方面最先研究出的频率为 10 kHz 以下的超声波鱼群探测仪，现已成为渔船上普遍的装备。到 20 世纪 50—60 年代，制造出了超声波探伤仪、超声波测量仪、超声波加工机、超声波清洗机、超声波诊断和治疗仪，超声技术在生产、科研的许多方面得到迅速发展和广泛的应用。

2.4 超声波的特殊性质

超声波是弹性机械振动波，虽属声波，但超声波的振动频率高，波长短，所以超声波与可听声相比，还有一些突出的特性。下面简明扼要地加以介绍，了解超声波被广泛应用的秘密所在。

2.4.1 束射特性

声波（可听声波段）是由声源（振动体）向四面八方传播的，在四周都可听到声音，若让声波通过一个小孔，声波仍然向各个方向传播。但振动体发出的超声波就不同了，因为超声波的频率高，所以波长短。因此，当超声波通过小孔（大于波长的孔）时，会呈现出集中的一束射线，犹如光线一样向一定方向前进。同样当超声波传播的方向上有一障碍物的直径大于波长时，便会像光线一样在障碍物后产生"声影"。犹如蝙蝠在飞行前进的方向上发出一束超声波来确定前进方向和准确捕捉食物一样，因超声波方向性强，可定向采集前进方向上的信息。人们将这种向某一方向（其他方向甚弱）定向地传播一束超声波的特性，称之为束射特性。

由上看出超声波的束射特性的好坏，取决于超声波的频率高低，频率愈高的超声波，波长愈短，这种向一定方向传播的特性就愈显著。因此，频率高的超声波传播的方向性会较强，会聚集成定向狭小的线束，将其应用于工农业实际的生活和生产中，可以发挥它应有的作用。

在此提一下，因超声波可以定向传播声束，所以超声波在物质（介质）密度不同的两物质的界面上（不连续的地方）也会改变传播方向，而产生反射、折射、聚焦等现象，如同光线一样，也遵守几何光学定律。

2.4.2 吸收特性

声波源在空气中接收对象的远近不同，声波强度也不相同，距离愈远，强度愈小。也就是说空气这个介质在声波传播前进的过程中，吸收了声波的强度，使其强度逐渐减弱，直到听不见，并且声波频率愈高，传播距离愈短。这就是声波被空气（介质）吸收的现象，称之为"声吸收"。通过观察研究，发现声波在气体、液体及固体中被吸收的程度各有不同。对于频率一定的同一声波在气体、液体、固体中传播时被吸收程度逐渐减弱。即声波在气体中传播距离最短，在液体中传播得远些，在固体中能传播得更远些。

对超声波来说也是一样，在各种介质中传播时，也是随着传播距离的增加，超声强度会渐渐减弱，能量逐渐消耗，这种能量被介质吸收掉的特性，称之为超声波吸收特性。

超声波在气体、液体及固体等不同介质中被吸收的程度各有不同。因为不同介质的密度、声速、内摩擦（黏滞作用）、热传导、介质的实际结构及介质的微观动力学过程中引起的弛豫效应不同，超声波频率也不同。例如频率为 10^6 Hz 的超声波在离开声源以后，在空气中经过 0.5 m 距离，其强度就要减弱一半；在水中传播，要经过 500 m 的距离后才使强度减弱一半。可看出超声波在水中传播的距离相当于在空气中传播距离的 1 000 倍。

由此可看出超声波在均匀介质中传播时，由于介质的吸收，而影响声强度随距离的增加而减弱，这就是超声波衰减。

2.4.3 能量大

在传播过程中，当声波进入某一物质（介质）时，由于声波的运动使物质中的质点跟着振动，其振动的频率随声波频率而振动，可见介质质点振动的速度决定于振动频率，频率越高速度越大，所以物质质点由振动而获得了能量。因能量与介质的质量、质点振动速度的平方成正比，而振动速度又与质点振动的频率有关，所以声波的频率越高，也就是物质质点振动越快（即速度越大），得到的能量就越高。对于超声波来说，超声波的频率比声波的频率高得多，所以超声波在传播过程中，可使物质质点振动的加速度非常大，因而能获得更大的能量，这说明超声波本身可以供给物质足够大的能量。

我们平常人耳能听到的声波频率低、能量小，如高声谈话声约为 50 μW/cm² 的强度。因声波的能量与频率的平方成正比，所以超声波所具有的能量就比声波大得多。例如频率为 10^6 Hz 的超声振动所产生的能量，比振幅相同而频率为 10^3 Hz 的声波振动的能量要大 100 万倍。由此可见超声波的巨大机械能量能使物质质点产生极大的加速度。

在生活中，一般正常响度的扬声器的声强为 2×10^{-9} W/cm^2，而对中等响度的声音使水的质点所获得的加速度只有重力加速度（980 cm/s^2）的百分之几，不会对水产生影响。然而如果把超声作用于水中，使水质点所达到的加速度可能比重力加速度大几十万倍甚至几百万倍，所以就会使水质点产生急速运动。因而超声波在农业处理方面有着极其重要的作用。

2.4.4 空化现象

超声波在液体介质传播过程中，液体中各点就存在着交替变化的声压。当声压为正时，液体受到压缩；当声压为负时，液体受到拉伸。即当超声强度达到一定值后，液体的某些地方形成局部的负压区，使液体受到拉伸。当拉伸力超过液体抗涨强度，会引起液体或液体—固体界面的破裂，从而形成微小的空泡或气泡。这些空泡或气泡处于非稳定状态，要经初生、发育到迅速闭合的过程，当迅速闭合破灭时，会产生一种微激波，促使局部区域有很大的压强。把这种空泡或气泡在液体中形成和产生的物理现象，称为"空化现象"。

由上看出超声空化是强超声波在液体中传播时，由于空穴的存在，引起液体中空腔气泡的产生、长大、压缩、闭合、快速重复性运动的特有的物理过程。由于声场中的频率、声强和液体的表面张力、黏度以及周围环境的温度和压力等影响，这一过程在空泡崩溃闭合那一瞬间，会产生局部高压、高温和非常大的速度与加速度，为超声波刺激种子提供了一种新途径。

超声空化是液体中气泡生长破灭时产生爆破压力而出现的特殊的物理现象，随空化现象又能产生许多物理和化学效应。这些不同效应在实际应用中的某些方面会产生消极的作用，但也有一定的积极作用。如超声空化对舰船用的高速旋转的螺旋桨桨叶的表面有"腐蚀"作用，空化严重时，会影响螺旋桨的推力。超声空化在医学诊断中报道：当超声对人体宫内胎儿辐射一定时间时，会对胎儿角膜结构有明显的损伤；但在治疗中，超声空化可破坏癌细胞，使癌细胞出现凝固性坏死，从而失去增殖、浸润和转移的能力，以实现治疗的目的。在工业超声波清洗中，超声空化在清洗过程中虽对清洗工件的槽壁有空化腐蚀，但可快速地把带有污物的工件清洗干净，因而广泛地应用于工业。在超声提取过程中，利用超声空化可促进化学成分向溶剂中溶解，以增加化学成分提出率，缩短提取时间，提高生产效率。同时，在处理植物种子过程中，可以利用超声空化提高种子的发芽率，促进植物生长，增加产量。

空化对于非专业人员是一个抽象的概念，但对专业人员来说，是通过实践和试验证实了的理论名词。在实践应用中，空化是一种液体中出现的现象，在任何正常环境下，固体或气体都不会发生空化，而空化是液体减压的结果，是一种动力学现象。

根据目前的报道，对于超声空化的研究，都没有统一的定量表述，因而无法得到超声空化的具体规律，因而对于超声空化强度也没有一种绝对的测定方法。但在实际生产中应用超声波出现的现实效果证实了超声波消极的和积极的作用都与超声波产生的空化强度有着直接关系，所以专家想方设法用直接或间接的测量来表征空化强度的大小，这在实际应用中有着重要的意义。依据空化强度的表述，只能测其相对强度。以了解超声波空化在处理过程中的存在。目前主要有染色法、腐蚀法、影像法、化学法、电学法、清洗法等已在文献[1]和[2]中详述，在此不再一一赘述了。

总体来说，由于超声波易于进入海水、地层、人体及很多固体和液体中，几乎能穿透任何材料以采集这些材料内部信息，且与可听声不同，决定了超声波能在各种领域中有广泛的用途，发挥它独特的本领。

2.5 超声波处理种子过程中所应用的超声波参数

在超声波处理植物种子的过程中，对不同的植物种子各有不同的处理参数，所以超声波的设备都有超声波参数的表征值。下面讲讲常用的超声波参数的意义。

超声波是声波的一种，也是由振动体（物体受到振动）而发出的声音，声音的高低决定于物体振动的快慢，且声音是在介质中以波的形式向前传播，其声波是依靠介质中质点移动而传播。物体振动声到接收器（如人耳）传播的空间范围，称为超声场。所以超声场是声波所在的空间，此空间充满了传播声波的介质。

通常把每秒钟物体振动的次数称为频率（f），单位是赫兹（Hz）。每振动一次所需的时间称为周期（T），在传播的过程中，两个相邻的同位质点之间的距离，即在一个完整的振动时间中声波所经过的距离称为波长（λ），在单位时间内声波传播的距离称为声速（c）。这些参数之间的关系为：

$$T = 1/f \quad c = \lambda/T = \lambda f \quad \lambda = c/f$$

描述传播声波的声场特征的主要物理量还有：声压、声强度、声阻抗率、声功率。

2.5.1 声压

当声波在介质内传播时，由于声波振动，使介质压缩与稀疏依次交替产生，发生变化。就是说，在介质原有的压力上（没有声波存在时，介质中只有大气压力）加上或减去一个额外的压力，压缩时加，稀疏时减。即如果声波使介质分子压缩，则它所受到的总压力将是大气压力加上分子压缩所引起的压力；如果声波使介质分子稀疏，则它所受到的压力将小于大气压力。可见这个额外的压力是由声波的通过而产生的，所以叫声压（P），其单位为 g/cm^2。

对于可听声来说，这种声压作用很小。例如，普通谈话声音，声压约为 0.001 g/cm^2，相当于一个小虫落在水面上所产生的压力，可忽略不计。但对于频率高的超声波来说，所产生的额外压力就很大了，可达到几个大气压力。如此巨大的声压作用存在于介质中就不能忽略了。由此可见声场中某一点在某一瞬时所具有的压强（P_1）与没有声波存在时介质的静压强（P_0）之差，称为声压（P）。即：

$$P=P_1-P_0$$

声压的大小反映了声波的强弱，单位为帕（Pa），1 Pa=1 N/m^2。因声波在传声介质中任何一点的声压（P）都是时间（t）与频率（f）的函数。所以有：

$$P=P_A sin\ 2\pi ft$$

式中 P_A 为声压振幅。声学理论已经证明：

$$P_A=\rho cv=2\pi\rho cfA$$

式中 ρ，c 为介质的密度和声速，v 为介质质点振动速度，A 为质点的位移振幅。可看出声压与声速、介质密度、频率和位移振幅成正比。

2.5.2 声强度

在生活中人们对传来的声音，主观上感觉到有时强，有时弱，把这种感官到物体振动的音量强弱叫响度。我们在生活中都有这样的体验，如敲锣，当用力敲锣时，听到很强的锣声，感到有点刺耳；当轻轻地敲时，听到的声音很弱；当用力适当地敲锣时，会听到悦耳响亮的锣声。由此可知，响度越大表明锣的振动幅度越大，响度越小表明振幅也越小。即当声波在介质的传播过程中，声能量随着波的前进而向前传播。在声场中，把单位时间中通过垂直于声波传播方向的单位面积内的声能量，叫作声强度，简称声强（I），单位是 erg /（cm^2·s）。把单位体积内声波携带的能量称为声能密度（E），单位是 erg/cm^2。

声波在介质中传播时，在单位时间内使与声速 c 的数值相等的体积介质具有了声能量（Ec）。根据声强的定义：

$$I=Ec=E\lambda f$$

由式可知，声强与声波在介质中传播的速度和声能量密度成正比。

在平面声波中声能量（E）的表达式，$E=P_A^2/2\rho c^2$ 代入 $I=Ec$ 式，得声强度与声压的关系

$$I= P_A^2/2\rho c$$

由式可知，声强又与声压幅值 P_A 的平方成正比，与介质的密度 ρ 和在其中传播的速度 c 乘积（即声阻抗 ρc）成反比。

因声压幅值 P_A 与频率 f 成正比，故声强与频率的平方成正比。即得出 $I=2\pi^2\rho cf^2A^2$。可见，频率增高，声强按频率（f）和质点位移振幅（A）的平方迅速升高。因此，声强也是客观描述声场的另一物理量。

2.5.3 声阻抗率

在声学原理中把传声介质中某点的声压与质点振动速度之比（P/v），称为介质中该点的声阻抗率，一般用 Z 表示，其单位是瑞利（$N \cdot s/m^2$）。

特别对于均匀无限理想介质中的平面波来说，声阻抗率 Z 即有

$$Z=P/v=\rho c$$

由式可知，声阻抗率是介质密度 ρ 与声速 c 的乘积。

在此将声学和电学参数的表征作以对比，相互有声电类比性：如声学中声强度定义为单位面积里的声功率，$I= P_A^2/2\rho c$，而与电学中的电功率，$W=U^2/R$ 相类比。故可得出：声学中的声压（P）类比于电学中的电压（U）；声学中的 $\rho c/S$（S 为声通过的面积）类比于电学中的电阻（R）。因而在声学中把 ρc 定义为声阻抗率 $\rho c=Z$。

由声阻抗率 $Z=P/v=\rho c$ 式中可知 $P=\rho cv$，说明在同一声压 P 的情

况下，ρc 愈大，质点振动速度 v 就愈小；反之，ρc 愈小，v 就愈大。因此 ρc 能直接反映介质的声学性质，故是声场中的另一个非常重要的物理量，称为声特性阻抗。

2.5.4 声功率

当声波进入介质内传播时，由于声波的振动，而引起介质内质点随声波频率而振动，超声波的频率越高，质点振动的速度越大，使质点获得的能量也就越大。所以看出质点除了振动获得能量外，还与本身的质量、振动速度的平方有关，即振动能量 $E=mv^2/2$。因此对于机械功率来说 $W=E/S$，即单位面积 S 上所获得的能量。

对于声波来说，声功率是声波在单位时间内沿一定方向传播的声能量。即在面积 S 上平均分配的声压，故声功率：

$$W=PSv$$

所以声功率 W 等于声压 P、振动速度 v 和声波波前垂直的截面积 S 的乘积。看出声功率是单位声辐射面上的声能量，是对声辐射器发出声能大小的衡量参数。

下面解释一下我们使用的每个超声波处理植物种子的过程中，所使用设备上所标注的该超声波设备的参数。

这些参数都是在设计超声波处理植物种子设备时，设计超声波发生器和换能器相符的，能激发换能器而振动的电参数，以便超声波发生器和换能器的参数匹配，使换能器达到最佳的由电能转换为声能的效果。

在发生器的标签上有：电流、电压、频率和功率等参数。

电流是依据设备处理时的需要而设计的使用电流，由电流表显示，由小到大慢慢调节，调至使换能器振动达到最佳状态。注意：调节时不可超出电流表的最大值。

电压是使用该设备时的额定的参数，接外电网时，注意必须与该超声波设备额定的参数相符，不可接错电源，否则会发生问题。

频率是超声波设备的固有频率，输出给超声波换能器，使换能器以固有频率振动，是发生器和换能器的共振频率。在设备上有频率旋钮，调节旋钮使发生器输入给换能器的频率达到共振频率，以产生最大的振动。

功率是与超声波换能器相匹配的电功率，是设备输出的电功率。注意这是超声波设备的标称电功率，而不是换能器发出的声功率。

参 考 文 献

[1] 郭孝武 . 超声提取及其应用 [M]. 西安：陕西师范大学出版社，2003，1–49.

[2] 郭孝武 . 超声提取分离 [M]. 北京：化学工业出版社，2008：35–37.

[3] 程存第 . 超声技术——功率超声及其应用 [M]. 西安：陕西师范大学出版社，1992：1–33.

[4] 郭孝武 . 超声波漫谈 [J]. 函授教育，1995(4)：37–38.

[5] 郭孝武 . 静谧中的"音乐会"——自然界的多频超声场 [J]. 少年科学，1990(12)：10–11.

[6] 王忠友，林书英 . 人耳听不见的声音——超声波 [J]. 中学物理教学参考，2002，31(1–2)：56–58.

[7] 罗登林，丘泰球，卢群 . 超声波技术及应用（Ⅰ）——超声波技术 [J]. 日用化学工业，2005，35(5)：323–326.

—— 第二章 ——

超声波处理植物种子新技术的机理研究

用超声波处理农作物种子，经历了漫长的探索、基础、机理、应用研究的发展阶段。处理对象由农业的粮食作物、经济作物，迅速扩展到中草药、蔬菜、林业、牧草等各个领域[1]。研究者在长期实践中，结合实验进行探讨，力求揭示超声波处理植物种子的各种作用机理，以便更好地发挥其自身优势，增强有利效应，达到培育出高产、防病的优良品种。

但由于处理的植物种子品种繁多、形态各异，处理参数各具其效、互相交织。加上农业种植观测周期较长，影响因素颇多，致使机理研究工作，尚处于定性的理论探讨阶段。为叙述方便，我们将迄今有关机理研究的各种论文，大致归纳为以下两种类型：

其一，根据种子培养和田间种植实验所观察到的结果，从理论上进行分析推理：超声波处理可能出现各种不同刺激作用。从而探讨超声波处理植物种子的机理。

如文献[2]中认为："超声波处理是利用超声波产生的强烈振动和不同处理时间对种子产生不同刺激，加速植物细胞分裂，刺激细胞生长，加快原生质体的蛋白合成，激发种子物理性能及生理活性变化，以达到比常规作物种子发芽率高、生长速度快、作物产量高的效果。"文献[3]中认为："超声波作为一种无公害的物理处理手段在生物科学领域已得到了广泛的应用，植物种子经超声波处理后，破坏植物细胞和细胞膜结构，从而增加细胞内容物通过细胞膜的穿透能力，提高活力，促进萌发及幼苗的生长，增加抗逆能力及作物产量。"

其二，用电镜或显微镜等设备对被超声波处理和未处理的植物种子组织切片进行观察对比，从显微结构的变化上，来说明超声波处理植物种子对种子影响的机理。

如文献 [4] 中对马尾松种子的组织切片进行观察，证实超声波处理植物种子能促进组织分化的作用，使细胞分裂显著增加，加速植物种子发芽，提高发芽率，促进植株生长，以提高植物收获的产量的品质。

本章主要基于自身特点并参照上述方法，以超声波处理种子后，种子组织细胞的变化，分析不同处理方法对植物种子及植物生长中组织的变化，观察发现组织细胞的微观现象，来进行超声波处理种子的机理研究。同时，简要介绍有关超声空化过程及其基本效应的理论研究成果，以便与本书引用的实验结果对照分析。目的是据此开发出新型高效的超声波处理植物种子的创新设备；为农业生产规范化和生产装备现代化提供技术基础；为超声波处理植物种子新技术在田间种植推广应用提供理论依据。总之，使机理研究更好地与我国农业现代化的发展目标相适应。

3.1 超声波处理种子原理的实验研究

认识来源于实践。在农业种植方面，我国有数千年的历史，自古至今都在研究探索，从选种、种植、施肥、收获等管理手段，到获得农产品的效果。这漫长的种植过程是人们在和自然长期做斗争的实践中所积累的过程。通过农业种植生产实践，人们进一步认识事物、分析总结农业耕作的不足、不断提高，再回到农业种植实践中去应用，创造出新的方法，加速农业耕作，提高农业生产效果。为此，我们以从事超声波处理植物种子研究的各位专家、研究者所观察及实验过的实例，作为超声波处理植物种子新技术对农业应用的实验依据。

3.1.1 预处理植物种子的发展过程

农业种植在我国已有悠久历史，在应用过程中形成了独特的理论体系和应用模式。我国是一个以农业发展为基础的国家，随着经济的迅猛发展，我国农业的发展对于中华民族的繁衍生息做出了重大贡献，进一步推动了我国现代化农业的发展进程。

在农业生产实践过程中，人们使植物由野生变家种，成为人类生活食用的必需品。这是人们通过数千年长期实践、总结，在同自然条件的斗争中获得的种植经验。据记载，自有人类以来，人们一直在漫长的生活中，对农业不断探讨、摸索、研究、总结，发明使用工具，培育新品种，以求得生存的各种条件。人们运用了不同的耕种模式，使用了各种种植方法以促进农业发展，获取更丰富的收获。

预处理种子[5]是使农作物生长、获得高产的一个重要步骤，是影响植物生长的关键环节，所以对预处理种子的研究是获得高产优质产品的保障。在农业种植生产实践中的种子预处理技术，经历了悠久的发展历程。从最早的在播种之前，先对种子进行选种、浸种、拌药等常规方法，到为了提高种壳透性、解除种子的硬实休眠特性使用机械破损种壳、适宜地沙埋等方式，促进了植物生长，达到增产效果。后来，随着时代的进步，科技和经济发展，逐渐研究出对各种植物种子预处理新技术。如：利用浓硫酸、氢氧化钠、过氧化氢和硝酸钾等无机化学试剂单独浸泡或联合处理种子以达到增产效果，但也有易产生药害、造成土壤污染、环境破坏等诸多弊端；而在研究种子的生长习性、硬实种子的休眠特性中，人们引入了超声波、微波、磁场、激光等物理处理技术。通过无数次的农业种植生产的实践，这些新的预处理技术在研究农业种植应用中取得了显著的成效，在生产实践运用中各有其特点。

而物理方法以其绿色高效的特性一直受到国内外学者的高度关注和广泛应用。特别是超声波处理植物种子，具有操作简便、处理时间短、高产率、低价环保等特点，更广泛地应用于农业种植的大生产及各领域对植物种子处理的工艺中，以提供高质量品质的种子，获得高产的农业产品，使产品完全符合农业生产质量管理规范。因此，超声波处理种子已成为农业生产中一种安全有效的热门新技术，在现代种子预处理的物理方法中，形成许多独特的优势。

3.1.2 超声波预处理对种子的影响实例

在文献 [6-8] 中，我们系统阐明了超声波对植物药材有效成分的提取分离，观察了药材细胞被破碎的过程，并用各种仪器观察、分析和照相，记录了超声波对植物细胞的破坏情况。现在需研究，超声波处理种子在种植前预处理中，对植物种子的组织细胞有何影响。

进入 21 世纪后，研究者仍对此不断地进行研究探讨，运用现有的新型的扫描电子显微镜、高倍光学显微镜、透射电子显微镜等设备，观察被超声波处理后的损伤种子组织细胞，以便通过观察分析，解释、揭示超声波处理种子能促进种子萌发和增产的基本原理。下面列举这方面实验研究的具体实例。

早在 1979 年，谭绍满 [4] 就用频率为 27 kHz 超声波处理存储 10 年的马尾松树种子，经发芽试验，结果发芽率比未经处理的种子高，并提前发芽，幼根生长快。在当时实验条件下，又测定了种子发芽期间的呼吸强度和吸水量等参数，都比对照大。证实了超声波处理种子后，对种子的初期萌发有着良好的促进作用。通过对马尾松树种子发芽 1 cm 后的幼根进行切片、染色观察，结果发现：经超声波处理的种子发芽后细胞分裂显著增加，其体积和细胞核的大小，都稍大于未经处理的；其幼根的延长区细胞多而稍长，表明幼根生长比未经处理的长；超声波处理的种子有原始的输导组织，而未经处理的种子没有这种现象。

这都说明以适量的超声波处理马尾松树种子，能促进种子发芽和初期萌发。可看出发芽试验的结果与获得的生理实验、组织解剖资料是相符的。这为超声波预处理种子能促进种子萌发和增产，提供了理论依据。

差不多同时期，陕西省桔梗科研协作组（1978 年）[9] 和秦官属等（1980 年）[10] 对中药材桔梗种子在播种前进行超声波预处理后，证实超声波预处理的桔梗种子通过人工育种大面积种植，不但发芽率高，植株生长迅速，而且桔梗当年能开花结果，一年生的根产量比未处理的种子高 2.2 ～ 2.7 倍。现在，进一步分析，超声波处理和未经处理的种子，两者收获的根内所含成分一样吗？为了弄清这一问题，将经超声波处理的桔梗种子，种植 2 年生长的根，与未处理的桔梗种子，种植 3 年的根，通过用"薄层层析法"进行滴定、对比，证明两者图谱一致（如图 3.1 所示）。

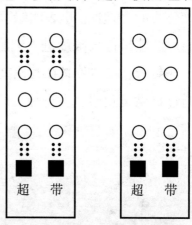

图 3.1 中"超"是超声波处理种子播种后，生长两年带皮的桔梗根；"带"是未处理种子直播后，生长三年带皮的桔梗根

由此证实了超声波处理种子种植后，所生长的植株内所含成分未改变，为超声波处理种子后能促进植株生长，增加药用植物产量提供了实验依据。

到了 2010 年，雒祜芳等 [11] 为研究超声波育种机理，提出种子细胞膜振动的物理模型。即认为种子细胞膜做单层平面圆膜振动，并导出细胞膜直径与其共振频率的关系式：

$$f=f_1 \pm 10\%f_1$$

而种子细胞膜的共振基频为：

$$f_1 = \frac{2.405}{2\pi a}\sqrt{\frac{T}{\sigma}}$$

式中：a 为圆形振动细胞膜的半径；T 为细胞膜的最大张力；σ 为细胞膜的表面密度。

为验证此公式，选用绿豆作为育种对象。将绿豆种子用蒸馏水浸泡，放入恒温箱 (25 ℃) 中培养 24 h，然后取出绿豆胚芽做成切片，在显微镜下放大 400 倍观察并拍照，其绿豆胚轴细胞如图 3.2 所示。通过测量十个细胞的大小，得出绿豆细胞膜的平均直径约为 4.0 μm。

将此值代入上述公式，求得绿豆细胞膜的共振频率为（24.767 ± 2.477）kHz。这一频率与文献[12]报道的实验中用不同频率超声波处理绿豆，其发芽率最好的超声波频率为 25 kHz 或 30 kHz 相符合，表明该公式的合理性。也表明绿豆种子在共振频率下，"细胞膜振幅最大，使声波能量最大限度进入细胞，从而产生一系列的生物物理效应"。

接着，雒祜芳又在其论文[18]中指出，经超声波处理绿豆种子后，通过显微镜观察，发现绿豆胚轴细胞膜上留下空洞，如图 3.3 所示。

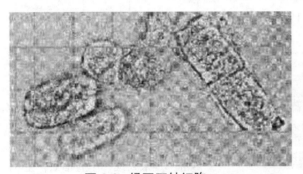 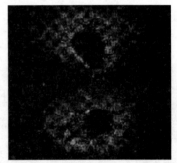

图 3.2　绿豆胚轴细胞　　　　图 3.3　超声波处理种子后胚轴细胞膜上留下的空洞

由图 3.2、3.3 分析看出，这些绿豆种子胚轴细胞膜上空洞的存在，使得细胞膜的通透性增强，进而加快种子细胞膜与外界的物质交换，提高了种子发芽率，缩短了种子发芽周期。

曾弦等[13-14]通过超声波处理地灵植株，进行了机理探讨。他们将培养的地灵植株的丛生芽，取其生长 30 d 左右健壮的丛生芽长至 4～6 个节时，剪取每苗近上方高度一致的接切段，放入盛有适量无菌水的三角瓶中。分别置于功率为 600 W，频率为 27 kHz、40 kHz 的超声波水槽中，进行不同时间处理。实验发现，经超声处理后，地灵植株叶片发生叶肉细胞损伤，其叶脉呈现网状或微有打薄的局部叶片。但经培养表明，超声波处理的植株愈伤组织的时间比对照稍微提前一些；且植株的生长要比未经超声处理的植株情况好。由植株变高、直径加粗的形态上表现得较为明显，如图 3.4 所示。

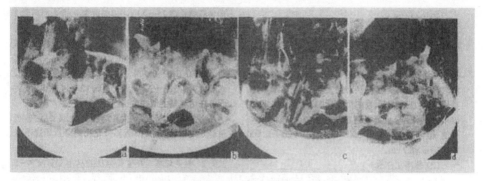

图 3.4　超声波处理前后地灵植株的形态变化
a 未经超声波处理的地灵植株　　　　b 27 kHz 处理 10 min 的地灵植株
c 40 kHz 处理 6 min 的地灵植株　　　d 40 kHz 处理 10 min 的地灵植株

由图 3.4 看出，经超声波处理的地灵植株叶片造成的叶肉细胞损伤，是超声波空化作用形成的。说明超声波处理在一定程度上可以激活细胞，提高酶活性，从而加速细胞吸收培养基中的激素及营养物质，使受损伤的细胞不但能够修复损伤，而且可激活腋芽生长，使地灵植株生长快，腋芽高度增加，且直径加粗。这证明超声波处理种子不但能提高种子的发芽率，增加收获产量，而且可以使植物愈伤组织再生，促进植物的生长。

作者感到遗憾的是，在查阅了所有的超声波处理植物种子资料文献后，尚未看到研究者拍摄到湿植物种子在超声波处理前后，种子的组织细胞对比及变化的扫描电镜、电子显微结构图。可以预计，超声波处理植物种子新技术在各个种植领域的广泛应用中，研究将会逐步深入开展，取得进一步成果。

以上仅收集了研究者用超声波处理对马尾松树种子的生理实验、组织解剖资料的说辞，而无组织解剖照片；用超声波处理中药材桔梗种子后对生长的根内成分变化做了对比，而无对种子的解剖资料；又用超声波处理绿豆种子后培养了胚芽，对地灵植株用超声波处理后观察了植株的胚芽细胞。超声波处理对植物种子还有什么样的影响，有待同行在今后的实验中进一步深入地观察、研究与探讨，以便共同讨论，弄明超声波处理植物种子的机理，为超声波处理植物种子新技术在粮食、中草药材、蔬菜、林木、牧草、花卉等领域的应用提供有力的理论依据。

3.2 超声波处理种子原理的理论分析

从上一节的实验和照片可以看出，超声波处理种子是通过超声空化作用来实现的 [4, 5]。但超声波为什么会产生空化及对种子组织细胞有如此的效果呢？

超声波是一种能量高、穿透力强的机械波。它是换能器产生的机械振动在弹性介质中的传播。所谓弹性介质，对干种子处理就是空气；而对湿种子处理，则是水或其他处理液。种子在这些弹性介质中，承受超声波的能量并引发各种物化反应。

这两种处理方式的共同点是：都采用超声电源激励的换能器作为超声源；超声场的参数可调控，如频率、功率、处理时间等等。所不同的是：空气介质的密度（1.21 kg/m³）远低于水（998 kg/m³）或其他处理液；超声波在空气中的传播速度（334 m/s）低于水（1 483 m/s）或处理液约五倍；更重要的是，超声波在水或液体中的特殊物理效应——空化，在空气中不会产生，因而不会导致因空化气泡急剧闭合而引发的某些特殊效应。

超声波在液体中产生空化的物理条件是：当超声波由弱而强，

其交变声压的幅值超过某一"空化阈值"（此值约为声压幅值P_a，超过液体的静压力P_o）时，在声压的负半周，液体中出现负压区，此时附着在种子表面的微小气泡（称为"空化核"），便被拉开长到最大，接着到来的声压正半周又迅速压缩气泡，直至闭合、破灭。所以，空化气泡是随声场变化而反复出现的快速生长—闭合运动。

这种微小气泡的高速振荡，就像是"空间—时间"聚能器。当出现强烈的气泡闭合时，瞬间就将产生高温、高压及冲击波等极端物理效应，从而引发种子的各种物化反应效果。所以说，超声空化是超声波在液体中各种物化反应的原动力。超声波处理种子也不例外。

我们可以将超声空化看作是一个综合性的作用。它能促进处理液进入种子组织细胞中，加强传质过程；它以强大的剪切力迫使植物种子的生理特性与细胞组织变化；能使种植生长后的植株内组织细胞进行分裂，促使植物根系生长等。

关于超声空化效应，作者已在文献[6]中详细地阐述了空化效应的概念、产生的条件以及应用中对超声波空化强度的测量方法；在文献[7，8]中对空化效应进行了理论分析；还将在本书第6章中对超声波空化效应的特点做进一步阐述。为此，下面先简述超声空化效应对种子产生的各种不同作用及某些附加效应，然后对这些效应逐一进行理论分析，以阐明超声波处理种子各效应对种子的不同作用，并介绍国内外有关专家对超声波处理种子技术原理的一些新看法。

3.2.1 超声波空化效应对植物种子的作用

超声波与浸入液体的植物种子之间的相互作用，会引起种子生物体组织与细胞内的物质结构或功能发生变化，从而影响生物体的生理机能，导致各种生物学效应的产生。超声波的机械振动波较强的穿透力可以透入生物体活组织。所以，超声波处理植物种子会促进种子发芽和幼苗存活，缩短萌发周期，以影响种子萌发的生理过程。在此我们具体分析在超声波处理植物种子的过程中，空化效应对种子的作用[2, 15-16]：

（1）激活植物种子的内源物质

超声波的强烈振动产生的空化效应，对种子有不同的刺激，激活植物种子的内源物质，加速了植物细胞内部物质的氧化、还原、分解和合成，引起种子物理性能及生理活性的变化，达到比常规处理种子发芽率高、生长速度快、作物产量高的效果。

（2）增强种子中酶的活性

超声波的空化效应加强了生物体内物质转化，有利于种子中的淀粉、蛋白质等物质转变为可溶性的物质，供胚芽吸收利用，以增强种子中酶的活性，促进酶的转化，从而提高发芽率，加速苗期生长，缩短生长发育时间，增加产量。

（3）提高生物膜的渗透能力

超声波的空化效应产生的能量具有很强的穿透力，能使植物种皮软化，穿透种子皮，使种子细胞膜的透性增大，吸水速度加快，种芽容易突破种皮，加速种子萌发，使种子中的营养便于吸收，增强幼苗生长活性，加速植株生长，从而提高了植物产量和质量。

（4）杀死种子内部微生物和外部病菌

超声波的空化效应会产生强大的振动力，在种子表皮保护层没有裂纹或在没有明显表面伤害的情况下除去表皮微生物和病菌，杀死种内的一些微生物，促使种子更快更健康地发芽，幼苗苗壮成长。

由上看出，超声波空化效应，对植物种子有各种不同的作用，但都为种子输入了正能量。不但能激发种子的萌发力，加速种子发芽，提高种子发芽率，而且增强幼苗的生长活性，促进植株成长，从而提高了植物产量和质量。

3.2.2 超声波空化伴随的附加效应

超声波在液体中传播时，对种子生物有机体的作用是相当复杂的。除上述作用外，还伴随产生各种不同的附加效应[17, 18]：

（1）机械效应

超声波在种子生物介质中的疏密相间的传播，会引起介质中组织细胞容积变化及细胞液的流动。传递的机械能使液体质点发生振动，而产生很大的加速度，如 20 kHz、1 W/cm^2 的超声波在水中传播，产生的最大质点加速度为 1 440 km/s^2，大约为重力加速度的 1 500 倍。这样的加速度，对于生物介质有很大的影响。这种激烈、快速的机械运动，称之为超声波的机械效应。

在超声波处理植物种子中，超声波空化产生的冲击波和微射流等促进物质运输和吸收，在生物介质中增加传质速度，提高了分子间的碰撞概率，使细胞受到挤压和拉伸，组织发生形变，而破坏介质结构，破坏植物种子细胞膜、细胞壁，并在种子中形成微通道，增加水吸收、氧气及物质运输、细胞代谢的速率和水解酶的释放，促进植物体酶解反应，加速各阶段的生理生化变化。从而加快组织、细胞代谢作用，以加速种子发芽，增进植物体的生长。

（2）热效应

适宜强度的超声波在介质内传播时，一部分超声波机械能量被组织吸收。而机械能转变成热能，从而使机体组织内介质温度升高。这种使介质温度升高的效应，称之为超声波的热效应。

超声波在介质内传播时，振动能量不断地被介质吸收转化为热量，吸收的能量可使介质整体温度和介质—机体边界外的局部温度升高。同时，由于超声波的频率高于声波，在介质中振动使介质产生强烈的高频振动，使介质间相互摩擦而发热，这种能量能使机体、流体介质温度升高。又由于两种介质的分界面上的特性阻抗不同，当超声波穿透两种不同介质的分界面时，因介质的不均匀性，将发生超声波的散射，而产生能量吸收，引起分子间的摩擦而发热，造成两种介质局部产生高温，形成胞内物质的微流、涡流，促进物质的扩散与传输，有利于化学反应的进行，加速细胞新陈代谢。

在超声波处理种子中，由于不同组织细胞吸收热量不同，其吸收随超声波的频率也不同。超声波能量的损耗与超声波频率成正比，如频率为 100 kHz 的超声波，在空气中被吸收的量比频率为 1 kHz 的超声波要大 100 倍。因此，种子吸收超声波能量后转化为热能，使种子内部形成热效应，加速植物种子内能量传递，改善相应生理生化反应过程，促进种子发芽、幼苗和植株生长，以提高植物植株抗性，增加收获产量。

（3）高压效应

超声波在介质内传播时，会使介质产生空穴现象。在空化气泡闭合的阶段，泡内气体因快速压缩而呈现高压（可达数千个大气压），所积聚的能量瞬间转化为冲击波，向周围介质和临近的种子辐射出巨大的压力，使其出现激烈压力的效应，该效应被称为超声波的高压效应。

在超声波处理种子中，由于介质局部的瞬间高压，使种子内部吸收了超声波能量，分子形成振荡和变化，冲击种子表面，引起细胞内部的涡旋运动，改变细胞的壁膜结构，使细胞内外发生物质交换，提高了种子内酶的活性，增加种子活力，促进植物植株生长。

超声波处理植物种子对生物有机体作用相当复杂。除以上伴随超声波空化效应的产生而出现的几种不同的直接效应外，还产生有生物学效应、电化学效应、光化学效应、酶效应等等。伴随强大的冲击波或由它引发的高速射流、剪切力等超声"场致效应"，可导入种子表面，造成酶分子结构的变化和破坏，以改变细胞的壁膜结构，使细胞内外发生物质交换，种子内酶的活性提高。经过一系列的超声波综合作用效应，超声波处理的种子物质起了很大变化，对种子发芽、生长、收获产量起着不同的作用，在此不再一一介绍。

3.2.3 国内外专家对超声波处理种子原理的一些新看法

关于超声波处理种子中所产生的作用及附加效应，上面已做了初步分析。本节只简述国内外有关专家对超声波处理种子原理的一些看法，以供参考：

（1）从理论上研究了超声频率与植物种子细胞膜的关系[19]，认为：一定声参数的超声波作用于植物种子后，使得种子细胞膜随超声波而振动。当超声的频率和种子细胞膜的频率相等时，细胞膜就发生共振。此时，超声波的能量就最大限度地进入细胞中，使细胞获得能量后，细胞膜渗透性增大，理化反应加速。高能量也能激活细胞内酶的活性，使育种达到最佳效果，促使种子发芽率提高、发芽周期缩短等。同时，随超声波对植物体的作用[20]，认为：在空泡湮灭的过程中，产生强压球面波和高温，足以破坏液体结构的完整性，并导致空泡周围细胞的细胞壁和质膜的击穿或可逆的质膜透性改变。

从实验中探讨、分析植物种子[21, 22]和植株[13]经超声波处理后，种子细胞有空洞和植株细胞壁局部破裂。认为：超声波在处理种子过程中，超声空化瞬间产生的高温、高压及激流在细胞内出现环流，使胞内细胞质产生旋转及涡流运动，打破种子和植株内部的细胞膜和细胞壁，增加了细胞膜的通透性，加快了种子细胞膜内外的物质交换，提高了整体细胞的新陈代谢功能。这为种子发芽率的提升，缩短发芽周期提供了通道，促进植株生长。从而在用电镜观察种子和植株细胞时，发现种子细胞和植株细胞有空洞、局部破裂的现象。

（2）从理论上分析超声波处理种子的物理机理[23]。认为：超声波产生的超声空化形成的声冲流和冲击波、振动波的涡流产生的压力，可引起体系的宏观湍动和固体颗粒的高速冲撞，使边界减薄、增大传质速率，形成微扰动作用，加速传质过程的微孔扩散，造成种子细胞及膜结构的磨损[24]。同时，能破损坚厚的细胞壁[25]；损伤木质部导管[26]，导致导管机能不良。因而促进了植物种子呼吸、某些器官的生存和生长及植物体代谢等作用。

综合起来，可作下述理解：超声波处理种子的过程是指被处理的植物种子、植株表面受超声波在液体中产生的各种效应的作用过程。虽然超声波可以强化植物的作用过程，但如果其表面与溶剂的接触不充分，没有超声波空化效应与随其产生的微射流和局部热点对植物结构的不断破坏，使细胞破损，促进植物器官呼吸，加速植物细胞的新陈代谢，是无法提高种子的发芽率，增进植株生长的。由此看来，超声波处理种子的过程是与物理机理密不可分的。

基于以上分析，对超声波处理植物种子的机理探讨，不但要用实验来证明，还要在农业生产种植的实践过程中摸索、研究、分析、总结，创造出一种适合农业生产需要的新型有效的方法。研究用新方法对生产实践所起的作用，给以合理的解释，以便从生产种植实践中进一步提升超声波处理植物种子的理论研究。再用理论创新直接指导生产种植实践，促进超声波处理植物种子技术在农业种植方面得到广泛的应用。为农业生产用超声波预处理不同植物种子的参数选择提供依据，为超声波处理技术在各个植物种植领域有更为广阔的应用奠定基础。

3.3 超声波处理中影响种子萌发力的因素

农业与自然环境紧密相关，在风调雨顺的情况下，种子的种植到收获，是一个漫长的与自然条件做斗争的同时加强生产管理的过程。超声波处理植物种子新技术已广泛地应用于农业种植的农、林、牧等各个领域的种子处理中，为农业生产种植提供了优越的预处理技术，发挥了它的优势。但将其用于农业种植的前段工作——预处理时，对种子预处理的好坏，也关系着植物发芽、生长的发育过程。而超声波处理过程中，影响种子的萌发，幼苗的生长，植株的发育及收获的质量和产量等因素，除超声波本身的参数外，还有处理时间、处理液的选择等条件的影响。在此，我们对超声波处理种子过程中影响种子萌发力的因素作一阐述。

3.3.1 超声波参数对植物种子发芽率的影响

对超声波处理后的种子进行种植试验，发现使用不同的超声波参数（如频率、电功率等）处理的种子，其萌发率、幼苗生长有不同的结果。这表明超声波参数的正确选择，对处理效果起着决定作用。然而，这种选择还受其他因素影响，尚无统一标准。需要通过反复实践、不断总结提高。

如对中草药锁阳种子处理，当处理时间相同时，选择不同频率，其发芽率随频率的增加逐渐有所减小，而以频率为 60 kHz 的超声波处理的发芽率最高[27]。

又如，对粮食作物苦荞麦种子处理，同样在处理时间相同 (30 min) 时，而选用不同的电功率，发现随电功率的增大，其萌发率并不随之作规律性变化，而是有高有低。其中，以电功率为 240 W 的超声波处理后，荞麦种子的萌发率最高[28]。

再如，对白头翁种子处理，选用电功率 250 W、频率 20 kHz 的超声波，处理时间为 5 min 时，发现其发芽率反而低于对照，但却能使种子萌发提前 10 d，加速了种子的萌发速度[29]。

由以上可看出，在处理种子过程中，超声波参数选择适当与否是影响发芽率的关键，必须针对不同的植物种子选择适宜的超声波参数，才能达到最佳效果。

3.3.2 超声波处理时间对植物发芽率的影响

在农业种植的过程中，播前对种子不管用化学溶剂浸泡，还是用各种物理处理方法，都是以实验获得的最佳处理的时间长短、植物的发芽率高低、收获时的产量等情况而定。在处理后种子的种植过程中也是如此。

通过无数次的实验，用超声波处理植物种子培育或种植后，种子的发芽率、收获的产量不是随超声波处理时间的无限延长而继续增加。如用超声波处理野生柴胡种子，其发芽率随处理时间的增加而增加，到一定时间有一峰值，再增加处理时间，野生柴胡的发芽率反而降低[30]；同样用超声波处理抱茎獐牙菜种子种植后，其发芽率随处理时间的增加而增加，到一定时间也有一峰值，再增加处理时间，抱茎獐牙菜种子的发芽率反而降低[31]；而用超声波处理观赏植物羽扇豆种子后，其发芽率随处理时间的增加而增加，以处理 25 min 的为最多[32]；在用超声波处理向日葵种子的过程中，超声波处理时间越长对其生长的促进作用越明显，但也存在着一个最大值，其中以处理 30 min 的效果最明显，一旦处理时间超过最大值，反而会对生长起抑制作用[33]。如图 3.5 所示。

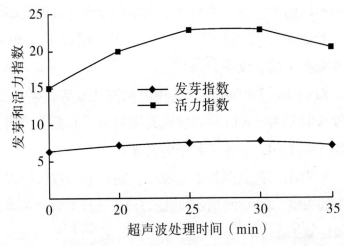

图 3.5　超声波对向日葵种子发芽率指数与活力指数的影响

由图 3.5 可见，在超声波处理植物种子的过程中，处理时间的多少和次数应以种子发芽率、幼苗生长及收获作为主要条件，在实验中摸索不同植物应用超声波处理的最佳时间。

3.3.3　处理液、温度的选择及对种子发芽率的影响

处理液是对湿种子超声波处理时所用的液体，一般在超声波处理设备的水槽中都是用的水或蒸馏水处理液做试验。为了提高种子的发芽率，选择适宜的溶剂，促进植物种子发芽，以适应自然环境的种植，保证种子发芽率高。对某些难发芽的种子也有使用化学溶液的。如用超声波处理经济作物毛竹的种子[34]，是为了快速培育竹林，解决盐碱化地区的竹林培育问题，以改良毛竹种质资源，发展毛竹产业。将毛竹种子放于含有 100 mmol/L 氯化钠的蒸馏水为介质的超声波处理槽中，进行不同时间的处理后，再将处理好的毛竹种子放于无菌的培养皿中作发芽试验，结果在以盐为处理液，超声波处理 15 min，毛竹种子发芽率、发芽势均显著高于对照组，发芽率为 52.33%。

处理液的温度也有一定的影响，如用超声波处理中草药当归种子[35]，处理液温度不同，种子的发芽率也不同，在和其他参数组合下，超声波处理液的温度升高，种子发芽率降低，以处理液的温度为 40 ℃时，种子萌发率为各组最高。可见超声波处理种子过程中，超声波槽中处理液温度不宜过高，因为在超声波处理过程中，超声波产生的热效应会使处理液升温，若长时间进行处理，会产生一定的热量，影响所处理的种子发芽率。因而，若长时间对种子进行处理，应使用循环处理液，使处理液温度处于室温状态，以防处理液温度过高，抑制植物种子发芽。

选择适宜的处理液是提高植物种子发芽率的一个重要方面，必须依据植物种子对处理液吸收量的快慢和种子大小、有无硬外壳等因素，选择适宜的处理液并注意处理过程中处理液的温度，确保被处理的植物种子不受影响，以提高植物种子发芽率，促进种子生长发育，获得最佳效果。

　　总之，在超声波处理植物种子的过程中，超声波处理的参数的选择需要根据被处理的植物种子的特性、种子的质量等要求，进行综合确定。从实验中不断总结经验，探索最佳条件，防止意想不到的条件影响植物种子的发芽率。这节只从几个方面进行了分析，而在超声波处理植物种子前进行的各种浸泡、化学溶液预浸处理等对植物种子都有较大的影响，在此还未讲到，请在选择处理种子条件中加以注意，以满足农业生产种植的需要。

参 考 文 献

[1] 郭孝武. 超声技术在药用植物种子栽培中的应用 [J]. 世界科学技术，2002(2)：24–26.

[2] 刘山，欧阳西荣，聂荣邦. 物理方法在作物种子处理中的应用现状与发展趋势 [J]. 作物研究，2007，21(5)：520–524.

[3] 张冬晨，刘海杰，刘瑞，等. 超声波处理对荞麦种子营养物质累积以及抗氧化活性的影响 [J]. 食品工业科技，2015，36(7)：69–73.

[4] 谭绍满. 超声波处理马尾松种子试验初报 [J]. 林业科学，1979(1)：73–75.

[5] 柳旭，刘娟，刘倩，等. 种子预处理的作用机制研究进展 [J]. 应用生态学报，2016，27(11)：3727–3738.

[6] 郭孝武. 超声提取及其应用 [M]. 西安：陕西师范大学出版社，2003：39–50.

[7] 郭孝武. 超声提取分离 [M]. 北京：化学工业出版社，2008：45–59.

[8] 郭孝武. 超声提取分离新技术 [M]. 北京：化学工业出版社，2018：45–59.

[9] 陕西省桔梗科研协作组. 桔梗野生家种的研究 [R]. 鉴定资料，1978 年 7 月.

[10] 秦官属，郑凤霞，陆淼文，等. 桔梗野生家种的研究 [J]. 陕西省商洛地区科技成果选编，1980：13–15.

[11] 雒祜芳，曹辉. 育种超声对细胞膜渗透性的影响 [J]. 声学技术，2010，29(6)：206–207.

[12] 王泽龙，李宝宝，奚小明，等. 超声辐照对绿豆种子萌发影响的研究 [J]. 黑龙江农业科学，2008(1)：47–49.

[13] 曾弦，肖娅萍. 超声处理对地灵生长的影响 [J]. 陕西师范大学学报（自然科学版），2004，32（专辑）：136–139.

[14] 曾弦，肖娅萍，胡雅琴，等. 功率超声对地灵叶片愈伤组织诱导和芽生长的影响 [J]. 广西植物，2004，24(2)：130–133 .

[15] 陕西师范大学应用声学研究所. 超声波在农业中的应用 [J]. 陕西师范大学学报，1997(4)：74–81.

[16] 吴道藩，宋明，刘万勃. 保持和提高种子活力处理技术的研究进展 [J]. 西南农业学报，2001，14(3)：90–93.

[17] 袁畹兰. 超声波在农业上的应用 [J]. 陕西师范大学学报（自然科学版），1977(5)：74–76.

[18] 雒祜芳. 超声波育种机理研究 [D]. 西安：陕西师范大学，2011.

[19] 曹辉，徐晨，雒祜芳. 超声作用植物细胞膜振动的理论研究 [J]. 陕西师范大学学报（自然科学版），2013，41(2)：23–27.

[20] 刘晓艳，丘泰球. 刘石生，等. 超声对细胞膜通透性的影响及应用 [J]. 应用声学，2002，21(2)：26–29.

[21] 马艳. 苦皮藤再生体系的建立及超声生物学效应的研究 [D]. 陕西师范大学，2004.

[22] 白钧元. 超声辐射对植物种子细胞膜渗透性的研究 [D]. 陕西师范大学，2014.

[23] 马骥，张博，肖娅萍，等. 超声在植物生理学领域的应用 [J]. 西北植物学报，2004，24(5)：954–958.

[24] 肖娅萍，张博，胡雅琴. 超声在植物学领域的应用 [J]. 应用声学，2004，23(5)：45–48.

[25] Ishimori Y，Karube I，Suzuki S. Continuous production of glucose oxidase EC–1.1.3.4 with Aspergillus sp. Under ultrasound waves[J]. Enzyme and Microbial Technology，1982，4(2)：85–88.

[26] Sperry J S，Tyree M T，Donnelly J R.Vulnerability of xylem to embolism in a mangrove vs. an inland species of Rhizophoraceae[J]. Physiologia Plantarum，1988，74(2)：276–283.

[27] 武睿，郭晔红，萧明明，等. 超声波处理对锁阳种子萌发特性影响研究 [J]. 甘肃农业大学学报，2010，45(6)：84–87.

[28] 王顺民，汪建飞. 超声波处理对苦荞麦萌发、芽苗还原糖和总黄酮含量及抗氧化活性的影响 [J]. 提取与活性，2017，23(1)：163-168.

[29] 时维静，张子学，于群英，等. 白头翁种子发芽特性研究 [J]. 种子，2005，25(4)：60-62.

[30] 董汇泽，杨君丽，张生菊. 超声波对野生柴胡种子萌发及活力的影响 [J]. 中国种业，2005(12)：46-47.

[31] 张卫华，董汇泽. 超声波处理抱茎獐牙菜种子萌发试验研究 [J]. 青海大学学报 (自然科学版)，2009，27(2)：57-59.

[32] 郭克婷，潘春香. 超声波处理对羽扇豆种子活力及生理特性的影响 [J]. 湖北农业科学，2016，55(8)：5282-5285.

[33] 戴凌燕，王玉书. 不同处理对向日葵芽菜萌发及营养物质含量的影响 [J]. 安徽农业科学，2008，36(21)：9015-9017，9033.

[34] 宋沁春，魏开，漆冬梅，等. 盐胁迫下超声波处理对毛竹种子萌发及幼苗生长的影响 [J]. 种子，2018，37(3)：83-85.

[35] 李刚，王乃亮，罗娘娇，等. 超声波处理对当归种子萌发及活力的影响 [J]. 西北师范大学学报 (自然科学版)，2007，43(3)：75-78，84.

第四章

超声波处理植物种子的设备

　　农业是国民经济的基础，是确保长期为人们提供生活农产品的基地。实现农业持续稳定发展，长期确保农产品有效供给，必须发展科技。农业科技是确保国家粮食安全的基础支撑，是加快现代农业建设的决定力量。粮食是人们生活的主要需求，俗话说："民以食为天。"保证粮食供应不仅是保证居民正常生活的主要途径，而且是保持社会和谐发展，争取在经济方面赶超其他国家的重要途径。工业化进程的加快和城市化程度的提高、环境污染造成的耕地的破坏、人口增长带来的住房需求等，都导致耕地面积减少。在这种形势下，就必须提高单位耕地面积的产量，加速农产品的生产，确保人们生活的供给。这就要求发展农业科技，推广新技术，使用先进的农业机械设备，提高农产品品质和产量，实现农业现代化，为"一带一路"提供优质的农业贸易产品。

　　在农业生产中，人们通过长期的生产劳动实践认识到，要提高农产品单位耕地面积的产量，不但要有优良的农产品种子、施肥、管理等作业条件，而且还需要有适合农业耕种的先进技术和适用的生产设备。依据人们在农业生产实践中的探讨，在种植期对各种植物种子于播种前进行预处理（如浸种等技术）都可增加产量。所以在农时播种期，种子的预处理设备是种植前农业生产的重要生产工具，必须满足播种量的需求，如期完成大面积的播种。因此，预处理设备是农业生产的关键，也是农业生产现代化的重要环节，用先进方法、先进设备是我国实现农业生产现代化的重要因素。

在 20 世纪，随着科学技术发展，当时工业上出现了利用超声波清洗机械零件的先进方法、先进设备——超声波清洗机，加速了工业对机械零件的清洗速度，促进了工业的发展。人们通过长期的生产劳动实践的探讨，发现要提高农产品单位耕地面积的产量，不但要有优良的农产品种子、施肥、管理等条件，而且还要将植物种子在播种前进行不同处理——如各种浸种、化学处理、物理处理等方法能使农作物提高产量。认识到化学处理种子方法是以化学物质形式作用于植物种子，种植后会造成环境污染、地力衰退、农作物品质下降。用物理处理种子技术是以能量与信息的形式作用于农业生产过程，所以，物理处理方法是一种无环境污染、高效、清洁、成本低廉的农业技术。在播种前将种子放入超声波清洗机进行预处理，结果观察到超声波对植物种子的实际效果。经用超声波对粮食作物、蔬菜、中草药材、林木等多品种种子、无数次小样品的处理和种植实践中的应用，显现出了用超声波处理设备对农作物植物种子在播种前进行处理的强大生命力。证明了超声波对植物种子有刺激作用，比浸种等方法更能促进种子的发芽率，加速幼苗生长发育，增加后期的收获产量，提高农产品的品质，对于农业的发展具有不可替代的重要作用。所以物理处理种子技术之一的超声波处理植物种子技术在 20 世纪被广泛应用，在农业各种种子的处理后的种植中发挥了增苗、增产的效果，受到农业种植生产者的极大关注。但当时处理植物种子用的超声波处理设备都是工业上用于清洗机械零件的超声波清洗机，如在文献 [1] 中讲述了当时工业上应用的超声波清洗机的四种形式，后在文献 [2] 中分述了多种形状的超声波处理机以及工业上用于工业物质提取的超声波连续式提取的大型设备（见文献 [3]），而这些超声波处理设备在此不再详述。

随着时代的进步和电子工业的发展，超声波处理设备不断完善，产业化的应用逐渐扩大。依据文献、专利报道和每年全国农产品设备展销会上展出的超声波处理植物种子的设备以广州市金稻农业科技有限公司发明制造的超声波处理植物种子增产调优装置的各种形式的设备为例，对植物种子进行播种前处理的超声波处理设备可分为：干湿植物种子的超声波调优处理设备；以农业大规模化为前提，满足植物种子田间播种量需求的超声波增产调优处理设备。后者又可分为连续式和间歇式两种。下面简单分类介绍几种超声波处理植物种子的设备。

4.1 超声波处理植物种子增产调优设备的发展方向

在西部大开发和"一带一路"共同发展、合作共赢的发展形势下，在大力提倡保护环境、培育优良农作物品种、提高农作物单位耕地面积产量的今天，对农业的处理技术不但要求使农产品产量高、品质好，还要利于环保，所得产品要安全，利于人体健康，又要能满足植物种子田间播种量和播种期的需要，以适应新形势的发展。在此条件下，改善和提高农业处理技术是我们生产超声波处理植物种子新设备要考虑的目标。

超声波处理植物种子增产调优技术应用以来，取得了显著的增产效果。试验研究已应用到农、林、牧、药材、蔬菜、花卉等各种不同的植物种子播种前的预处理上，特别对种子小、每亩播种量少的中草药植物种子来说，超声波清洗机既可满足处理需求，又可规模化种植。但对于种子大的、播种量多的植物种子，如对小麦种子来说，就难以满足种植时的处理需要了。同时还要考虑植物种子处理后的存储，防止在播种前种子发霉，且能大规模地处理种子；要保证种子能均匀地接受超声波辐照。就是超声波干种子处理装置必须解决的问题。在设备的设计上要控制超声波处理种子时间的精确性，保证在处理过程中处理时间的一致性与可重复性，严格达标满足种子增产的激活产生功能条件。并设计制造出可控的多频段连续波或者脉冲波的综合技术，且能达到超声波处理植物种子后的增产效果，得到优良的品种。所以，要研发超声波处理植物种子的设备，必须满足农业播种的规模化，才能进行大面积推广，这是在农业现代化发展中的一种必然趋势。在生产中，保证符合农业种植工艺技术要求、保证安全，满足在播种期播种质量和高效的要求，并考虑能源消耗与环境保护，是发展农业，提高农业产品品质和产量，实现农业种植机械化时必须考虑的问题。

4.2 湿植物种子的超声波增产调优处理设备

湿植物种子的超声波增产调优，是将植物种子先用清水、浸种液浸泡一定时间，使种子吸收一定水分后，将干种子或浸种后的湿种子直接放于不同功率、不同频率的超声波处理机的水槽中进行处理，一定时间后，再将种子取出晾干后播种，或直接进行播种，或经催芽后再播种，以达到促进植物种子增产的效果。通常称这种将种子在播种前浸湿的处理方法为湿植物种子的超声波处理。

目前，湿植物种子超声波增产调优处理设备的外形大体和 20 世纪的超声波清洗机一样，都是由超声波发生器和换能器两部分组成，都是将植物种子放于不同功率、不同频率的超声波处理机的水槽中进行处理，其形状在文献 [2] 中已分述。只是现时的超声波处理设备更先进，调置的参数更精确。对于超声波发生器来说，发生器的功率、频率等参数都可调，可任意选择，且体积小，又安全，好使用；对于换能器来说，换能器安装在容器上的形式、形状、多少和换能器的形状、容器的大小等各有不同。超声波发生器的各参数输出都和换能器的参数匹配得很好，为农业植物种子处理提供了简单、使用方便的超声波处理植物种子新设备。以超声波设备处理容器（即水槽）的单一和连续不断的进行种子处理的设备可分为单一和连续式超声波植物种子处理设备；以换能器安装在盛装种子和浸种液的容器（即水槽）外侧或内部的底部、侧部的超声波植物种子处理设备可分为外置、内置超声波植物种子处理设备；以换能器放于整体的形状不同可分为板状、棒状或放于容器内部中央的浸没式超声波植物种子处理设备。下面按广州市金稻农业科技有限公司发明制造的各种不同型号的超声波植物种子增产调优处理设备，分类介绍几种现时应用的不同形式的湿植物种子超声波处理设备。

4.2.1 湿植物种子的单一型超声波增产调优处理设备

湿植物种子的单一型超声波增产调优处理设备，是把种子浸入超声波水槽中，依靠液体传播，将超声波传入植物种子内部，利用超声波的特殊作用，激发种子活力的简单设备。以压电换能器安装在盛装种子和浸种液的容器（即水槽）外部或内部的侧面和底面的超声波植物种子处理设备，称之为外置、内置单一型的湿植物种子超声波增产调优处理设备。

（1）外置阵列式布置的单一型湿植物种子的超声波增产调优处理设备

将压电换能器安装在盛装种子和浸种液的容器（即水槽）外部侧面和底面，使其产生的超声波通过容器外壁辐射到容器液体中的被处理的植物种子上，以达到植物种子在液体中被超声波辐照的结果。而把压电换能器安装在容器外，植物种子在液体中处理的超声波处理设备称为外置阵列式布置的单一型湿植物种子的超声波增产调优处理设备。

目前结构最简单的湿植物种子的超声波外置式处理设备，是将换能器固定在不同形状的容器外部底面或侧面的超声波处理机，在超声波辐照方向自下而上垂直指向容器腔体内。通过连为一体或者是独立设置的搅拌器对植物种子进行搅拌，使容器内的植物种子全面地在浸液内直接受到均衡的超声波辐照，达到湿植物种子的超声波处理效果，促进植物增产，多用于中小批量样品的植物种子处理种植实验。

这种外置阵列式布置的湿植物种子的超声波增产调优处理设备，是一种单一小型处理设备，容器中央装设有搅拌器，适度缓慢的搅拌能让种子在水或者稀释营养活化液中做均匀分散缓慢漂浮活动，尽量使所有植物种子获得均衡的声波辐照作用；设置布阵的几个换能器的频率可以完全相同，也可以不同，又可随处理植物种子实际应用需要而变化调节超声波频率；同时，开启超声波辐照种子的方法可以是连续性的，也可以是脉冲式的。超声波能量可以聚拢在搅拌器周围，利用连续性或脉冲间隔性对容器内的植物种子进行处理，可有效提高超声波处理工效，使种子接受超声波照射效果更好，以促进植物生长和增产。

（2）内置阵列式布置的单一型湿植物种子的超声波增产调优处理设备

这种设备是将换能器安装在盛装种子和浸种液的容器（即水槽）内部的侧面壁和底面，即将换能系统浸没在容器的液体之中，使其产生的超声波直接辐射到容器液体中被处理的植物种子上，以达到使植物种子受到超声波处理辐照的结果。把换能器系统安装在容器内部或浸入液体中处理的超声波处理设备，称之为内置阵列式布置的单一型湿植物种子的超声波增产调优处理设备。

内置阵列式布置的单一型湿植物种子的超声波增产调优处理设备是一种单一型处理设备，是把容器的形状制作成多边形，将超声波换能器布阵设置在罐体多边形的内侧壁或内底部，使超声波从底部和侧部等不同位置、不同角度向容器内部植物种子进行辐照。再通过容器中央装设的搅拌系统，促使容器内的植物种子在浸液内直接受到超声波辐照，达到湿植物种子的超声波处理效果，促进植物增产。

　　还有一种是将若干个超声波换能器安装在空心圆筒的内壁上，中轴线装有超声波换能器和发生器的接线通道的纵轴通管，组成一种超声波功能振棒。使用时，将超声波功能振棒插入植物种子处理容器的液体中，形成功能振棒浸没式的湿植物种子的超声波处理设备。超声波功能振棒发出的超声波直接辐照在植物种子上，以达到湿植物种子超声波处理结果。

　　这种内置阵列式布置的单一型湿植物种子的超声波处理设备是一种单一型处理设备，有利于调整超声波换能器的分布，使超声波辐照更均匀和合理，且处理方便。

　　（3）不同形体的超声波换能器相结合的单一型湿植物种子的超声波增产调优处理设备

　　1）槽式容器的湿植物种子的超声波增产调优处理设备

　　槽式超声波增产调优处理设备是将内置超声波管棒和钳式超声波换能器形体相结合，置于槽式容器中的单一型湿植物种子的超声波增产调优处理设备。

　　这种槽式超声波处理设备是将钳式超声波换能器安装在超声波管棒的一端，以超声波管棒为轴心，向广阔的浸液体系的周围进行均匀的辐照。通过在槽形容器内设置的搅拌器进行搅拌，使植物种子在液体中受到超声波辐照，达到对植物种子处理的效果，形成钳式超声波换能器与内置管棒状形体结合的单一型湿植物种子的超声波增产调优处理设备。

　　2）圆罐形湿植物种子的超声波增产调优处理设备

　　圆罐形超声波增产调优处理设备是将内置棒状和外置板状超声波换能器形体相结合，置于圆罐形容器中的单一型湿植物种子的超声波增产调优处理设备。

　　这种圆罐形超声波增产调优处理设备是将超声波功能振棒浸入液体，外壁上装设有若干个外围超声波换能器，其超声波辐照方向垂直于装设在圆罐形种子处理容器的板形外置式换能器的圆罐中轴线上。外围超声波换能器可以是多个超声波换能器组合成的板形换能器。使用时，超声波功能振棒的放射式辐照和外围超声波换能器的聚焦式辐照相结合，使内外两组超声波夹攻式地作用于处理容器内的整个植物种子和处理液体系中。通过对超声波功能振棒和容器外围板形换能器的相互合理布阵，使处理系统的超声波不会发生相互干涉现象，可以有效地保证处理系统的超声波处理质量，并能很大程度地提高处理后的生产效率；且由于物料（植物种子）能全充满并均匀地接受超声波功能作用，故在大多数情况下，可以免除附加搅拌装置，有利于简化制作和降低成本。

以上不管是内外置的换能器，还是浸没式的棒形组合的换能器，都是用于单一的有液体或浸种液的容器中，使植物种子在液体中不断吸收液体和辐照的超声波射线，以促进植物种子内部的萌发和生长，加速植物种子萌发和苗期的发育成长，达到植物的高收获产量。

4.2.2 湿植物种子的连续式超声波增产调优处理设备

湿植物种子的连续式超声波增产调优处理设备，就是使其植物种子在连续行进中通过液体接受超声波辐照，以适应农业生产中大面积连续播种的装置。可分为单一型和复合型湿植物种子的连续式超声波处理设备。

（1）单一型湿植物种子的连续式超声波增产调优处理设备

单一型湿植物种子的连续式超声波增产调优处理设备是将多个超声波换能器组合在一个处理容器中，使植物种子受到连续不断的超声波辐照的设备。

1）斜置的单一型湿植物种子的连续式超声波增产调优处理设备

斜置的单一型湿植物种子的连续型超声波处理设备是将内置式振棒状和外置振板状换能器相结合并斜置的湿植物种子超声波增产调

优处理设备。

这种斜置的单一型超声波增产调优处理设备是将圆筒式超声波功能处理容器，以圆筒罐体倾角 3° ～ 15° 卧置布设，这样有利于种子的推出排放；处理容器罐内同轴放置若干个换能器的超声波功能振棒，处理容器罐外围装设多个换能器的功能振板。使用时，将处理容器罐内种子填装至将超声波功能振棒全掩埋的液位处，控制液面到达指定高度时，方可启动超声波设备。

2）组合的单一型湿植物种子的连续式超声波增产调优处理设备

组合的单一型湿植物种子的连续式超声波增产调优处理设备，是将振板长槽式、罐式等形式的多个单一装置组合在一体的超声波增产调优处理设备，以满足大面积种植播种时的生产规模，适用于赶农时快速播种的规模化生产。

这种将振板长槽式、罐式等形式的多个单一装置组合在一体的阵列式布置超声波增产调优处理设备，是实现植物种子的连续式处理，以提高生产效率，达到满足大面积种植播种时的生产规模，连续不断地将种子通过罐形和振板各换能器发出的超声波辐照处理的设备，为植物产品品质的改良和增产提供了一条经济简便的途径。

（2）复合型湿植物种子的连续式超声波增产调优处理设备

复合型湿植物种子的连续式超声波增产调优处理设备，是由多个单一超声波处理器串联布设组合在一体，使植物种子在多个单一超声波处理容器中受到连续不断的超声波辐照的设备。

这种设备将单一型斜置式的三个超声波处理器 A、B、C，采用 "Z" 形倾角错位上下排列布置成三级式串联布设，使它们之间通过出料口排料管，在圆筒罐体上端开设圆口连通，形成连续功能的超声波处理生产线。这样有利于占用较小的空间，也有利于生产操作，减少运动空间，可节约生产运作的物流路程和时间，以利于降低生产成本。

这种复合型湿植物种子的连续式超声波增产调优处理设备，是将三个斜置式湿植物种子的连续式超声波处理设备连接在一起，先将植物种子放入圆筒式超声波功能罐 A 的入料口中，使种子通过 A 罐内的超声波场后，把种子和浸种液从排出口输送到圆筒式超声波功能罐 B 的入料口中，使种子在通过 B 罐内的超声波场后，进入 C 罐内的超声波场，后从 C 罐内的排出口（各次由不同出口）将植物种子和浸种液排出。通过控制而形成多级超声波处理器方式，实现了植物种子的连续式超声波处理，满足了多方面的和大规模的生产需要，适合于大田的种植，有利于提高生产效率。

以上不管是单一型湿植物种子的连续式超声波增产调优处理设备，还是组合的单一型湿植物种子的连续式超声波增产调优处理设备、复合型湿植物种子的连续式超声波增产调优处理设备，都是用单一的换能器贴在不同形状的管状或板状内外体中组合而成，放于液体中，使植物种子在液体中不断吸收液体和辐照的超声波射线，以促进植物种子内部的细胞发生变化，加速植物种子萌发和苗期的发育成长，使植物的收获产量增加。（注：湿法超声波增产调优处理设备只适合水稻处理）

水稻是我国重要的粮食作物，在保证国家粮食安全中起着至关重要的作用。目前已将湿法超声波增产调优处理设备（图 4.1 所示）用于水稻育种前的种子预处理，在田间大面积的广泛应用中获得了水稻增产效果及结实率、穗粒数、收获指数、单位面积的有效穗数高的优质水稻品种[4-6]。

图 4.1 植物种子超声波增产处理机（500L）

4.3 干植物种子的超声波增产调优处理设备

干植物种子的超声波增产调优处理是将准备种植的干植物种子直接放于不同功率、不同频率的超声波处理机的声场中进行一定时间的辐照，再将种子取出直接进行播种，以达到激活种子活力产生的功能条件，促进植物种子发芽、生长、增产。把这种对干种子在播种前进行直接处理的方法称为干植物种子的超声波增产调优处理。

干植物种子超声波增产调优处理设备和湿植物种子超声波增产调优处理设备，都是由超声波发生器和换能系统两部分组成，只是干植物种子超声波增产调优处理设备没有水槽，干植物种子直接通过超声波照射的区域，超声波依靠空气传递，种子受不同功率、不同频率的超声波照射。导入的超声波高频机械能在处理管的管道腔内产生共振效应，超声波在空气中产生强烈的压缩与拉伸会派生一定的高频声压。通过这两种方式共同作用于管道中的种子，使经过的种子受到积极影响，以打破种子休眠状态，有效地激活种子生长酶，唤醒种子细胞活力，增强生化代谢，促进生长。省去处理液，可以克服浸泡过的种子容易发霉、不易保存、不便播种的缺点。

以超声波处理的形式可分为单一型和复合型连续式干植物种子超声波增产调优处理设备。下面以广州市金稻农业科技有限公司发明的超声波增产调优处理干植物种子的设备为例，简单介绍现时实际生产中应用的能满足大面积种植的干植物种子超声波处理设备。

4.3.1 干植物种子单一型连续式超声波增产调优处理设备

干植物种子单一型连续式超声波增产调优处理设备，就是直接把干植物种子放入超声波处理系统的进料口的料斗中，依靠输料螺杆输送种子，经过外置式超声波辐照场，在螺旋桨叶的翻动作用下，使植物种子受到超声波的均匀辐照，再输送到出料口的超声波处理系统。

这种干植物种子单一型超声波增产调优处理设备是将超声波功能单元设置在处理管的管壁上，植物种子依靠处理管内的输料螺杆传输，从处理管底部的进料口将植物种子推进超声波处理管道内的超声波辐照区域，经超声波充分辐照后的植物种子从上端的出料口传出。其特点是螺杆输送可以灵活控制输送速率，避免堵塞现象，且螺杆上的螺旋桨叶可以在种子输送过程中起到翻动作用，使超声波辐照更加均匀；也实现了模块化结构，安装更灵活且可以实现规模化生产，既方便又便于扩大种植，特别适于林业的飞机播种，加速了种植业的发展。

4.3.2 干植物种子复合型连续式超声波增产调优处理设备

干植物种子复合型连续式超声波增产调优处理设备，就是把多个干植物种子的单一型超声波增产调优处理设备串联布设组合在一体，使植物种子在多个单一超声波处理设备中受到连续不断的超声波辐照的设备，如图 4.2、4.3 所示。

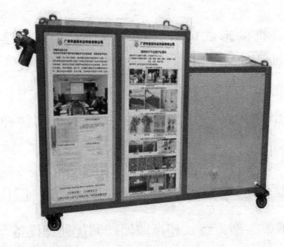

图 4.2 干植物种子自动上料的超声波增产处理机（5ZCG-50）

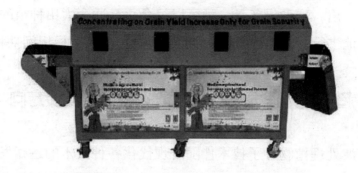

图 4.3 干植物种子隧道式超声波增产处理机（5ZCG–150）

这种干植物种子的复合型连续式超声波增产调优处理设备是将数套（至少包括两套）干植物种子的单一型连续式超声波增产调优处理设备连接在一起，先将植物种子放入第一套单一型超声波增产调优处理设备系统的进料口的料斗中，经第一个系统的超声波辐照场后，由出料口输入到第二套单一式超声波增产调优处理设备系统的进料口的料斗中，经第二个系统的超声波辐照场后，由出料口输入到第三套单一型式超声波增产调优处理设备系统的进料口的料斗中，依次对干植物种子进行连续不断的超声波辐照后，由出料口排出经超声波处理过的植物种子。

这一过程实现了干植物种子的连续式超声波增产调优处理，是实现大规模生产植物种子的超声波处理系统，其特点是：

①可以对种子进行充分均匀的超声波处理，有效提高处理效果，经设备处理种子一分钟左右能增产 10% ～ 20%；

②螺杆输送可以灵活控制输送速率，避免堵塞现象，且螺杆上的螺旋桨叶可以在输送过程中对种子起到翻动作用，超声辐照更加均匀；

③处理管为若干管段连接组成，且超声波功能单元分别安装在相应管段上，这样可以在每个管道上实现不同的振动频率，以减少相互之间的干扰，适用范围更广；

④实现了模块化结构，安装灵活且可以很方便地实现大规模化生产。

由上看出，这种设备是一种可以组合化，适合大田种植的设备，可以快速地进行播种，提高农业生产效率，实现大规模田间播种生产。

4.4 超声波处理植物种子设备的特点和发展方向

超声波处理植物种子技术伴随着现代化各种技术的迅猛发展，在进入 21 世纪后，已促使农业在种植技术方面发生了巨大的变化，超声波处理植物种子新技术被广泛地应用于各个不同的植物种植领域中。超声波处理植物种子的设备是依据不同种植领域中的种子大小、种植多少、种子的休眠状态、存储时间、植物种子繁衍能力等条件，利用超声波处理技术对植物的刺激作用原理，设计出的科学、合理、可行的超声波处理植物种子的设备。根据专利报道，研究者们按世界技术和质量标准来衡量，依据农业的实际情况设计出了各种不同的干湿超声波处理植物种子设备，由小型到连续式超声波处理植物种子设备，使农业种植前预处理的设备集成了超声波处理的各种技术，实现了在自动控制下全程连续化的处理，促进了超声波处理植物种子新技术的广泛应用。

超声波处理植物种子新设备在新世纪的农业种植生产的实际应用中具有以下特点：

（1）以电子系统来说，设备采用了不同频率的多频段和连续或脉冲的设定及控制处理时间的功能，保证了超声波电子系统方面的安全性及功能性，达到最佳的处理效果。

（2）以系统来说，设备采用动态连续处理，使种子在处理液中受到均匀充分的超声波作用，实现了合理的处理流程，达到最大限度地打破植物种子的休眠，激发种子的萌发，提高植物收获产量，加速农业生产的目的。

（3）以植物种子的处理效果来说，设备的处理过程使植物种子在超声波作用下完全受到辐照，实现了处理速率加快，以适应大面积播种并缩短生产周期，达到降低能耗、确保质量、提高农产品品质和产量的目的。

（4）以农业种植适用性来说，设备运用的超声波处理新技术，是一种机械波能传质辐照作用于植物种子的物理方法，无需化学溶剂参与处理，对环境土壤无污染，实现了环境保护。

在新时代的要求下，农业种植要改变传统的耕种模式，按照农业规范的生产种植技术和方法进行规模生产，以极大地提高种植效率，使农业种植领域规模化、产业化发展。因而出现了各个领域广泛应用超声波处理植物种子新技术的热潮，促进了各个农业种植领域的发展。也使超声波处理植物种子的连续处理设备向着环保型、节能型、符合国际标准要求型的生产设备方向发展。

1）环保型

在工业高速发展的今天，农业设备的排放液会造成环境的污染，国际上都很重视环境保护，我国对所有企业都要求以环境保护为首要任务。因此，对超声波处理植物种子设备的设计应优先考虑所用的处理液必须是对环境无影响的液体，否则要考虑对其如何处理和利用，以保护环境为前提，设计符合环保要求的新设备。

2）节能型

在大力提倡资源保护、节约能源的今天，设备必须以节能为核心，并满足不同领域的植物种子的处理要求。要开发出既能满足植物种子处理量，又能增产，还能降低能耗的超声波处理植物种子新设备。

3）要求型

农业要发展，必须按世界农业技术和质量标准来衡量，以提高农业生产的质量，加快农业的开发，这是农业种植出优良品种的关键。所以应以符合国家政策为前提，改造设备，开发出完全符合农业生产要求的超声波处理植物种子新设备。

由上看出，设计制造者把超声波处理植物种子新技术和农业生产有机结合起来，从经济、环保、操作、使用方便等角度进行了综合考虑，随之研发出了既有利于保护生态环境，又可促进绿色、无公害农产品的规模化生产的超声波处理植物种子新设备，推动了农业的现代化进程，为我国的农业产品实施"一带一路"的策略并走向国际市场奠定了一定的基础。

参 考 文 献

[1] 郭孝武. 超声提取及其应用 [M]. 西安：陕西师范大学出版社，2003：80-86.

[2] 郭孝武. 超声提取分离 [M]. 北京：化学工业出版社，2008：45-59.

[3] 郭孝武. 超声提取分离新技术 [M]. 北京：化学工业出版社，2018：45-59.

[4] 聂俊，严卓晟，肖立中，等. 籼稻干种子经超声波和包衣处理后的发芽和根系生长变化 [J]. 华北农学报,2014,12(2):181-187.

[5] 李妹娟，唐湘如，聂俊，等. 在盐胁迫下超声波处理对籼稻种子萌发的影响 [J]. 西南农业学报，2014，27(6): 2440-2443.

[6] 蔡伟，严卓晟，William Jia Lan，等. 超声波处理对稻谷表面微生物的影响 [J]. 广东农业科技，2019，46(5)：99-106.

—— 第五章 ——
超声波处理植物种子新技术的应用

种子是具有生命的有机体，是植物遗传因素的载体，其质量的好坏由种子活力的大小而决定。因为种子在植株的整个生命过程中起到了基础性的作用，其活力不但影响发芽率、出苗率及幼苗生长，而且会影响植株的生长发育和产量。所以选用优良的种子是提高农作物产量的必要条件，决定着农作物的产量和品质，是农业丰产的第一要素。因此，在播种前要对种子进行选种，并通过不同途径对种子进行预处理，提高种子活性，以便保持及提高种子的生命力，使其产量和品质得到提高。随着国内外对于种子萌发前预处理的研究越来越多，加之农业生产现代化的发展，种子预处理已成为提高种子活力的一条重要途径和改善种子品质、提高植物结实产量的一项重要措施。因而，人们研究探索出了种子播种前预处理的很多方法，有物理的、化学的，并得到广泛应用。自从发现超声波处理植物种子能促进种子萌发和幼苗生长，并能防止种子生长期间遭受病虫害的侵袭后，就开始将超声波作为播种前预处理的方法之一。

随着我国对农业发展的重视和农业现代化的不断推进，严格执行生态农业、绿色农业、有机农业的标准，利用物理方法——超声波处理，已广泛地应用于农业处理种子的各个方面，成为植物种子播种前进行预处理的重要手段。

进入 21 世纪以来，超声波处理植物种子新技术已普遍展开并迅速发展。就此介绍从 20 世纪以来，运用超声波处理植物种子新技术在不同的植物领域中应用的实际成果，以适应现实生活的需求，发挥超声波处理植物种子新技术在现代化农业中的作用。

5.1 超声波处理粮食作物种子新技术的应用

农业是国民经济的基础，粮食是人类生存的物质基础，是万民之命，国之重宝，是安天下为民心的战略性产业。粮食产量与植物种子的萌发息息相关，增强种子的活性，保证其萌发比例对人类和社会的进步具有极其重大的意义。

粮食作物是人们生活食用的主要粮食植物，包括小麦、水稻、糙米、籼米、玉米、大麦等植物，人们为了在有限的种植面积上增加单位面积产量，利用不同的方法对植物种子在播种前进行预处理，来达到人们预期的目的——增产效果。

人们在 20 世纪就开始对小麦、玉米、水稻种子进行播前超声波处理，通过多次多品种的植物种子实验，不但达到了增产目的，也发现经超声波处理后的种子提高了种子田间的出苗率、成苗的速率和整齐度，促进幼苗植株生长发育，增加种子在不良环境条件下的发芽率等。随着我国对农业发展的重视，用超声波处理粮食作物种子已发展起来，在 21 世纪的近 20 年里发表相关论文百余篇，比 20 世纪发表的提高了十余倍。下面介绍超声波处理植物种子新技术在对粮食作物的种子种植中的广泛应用。

5.1.1 小麦

小麦是世界上最主要的粮食作物之一，也是我国北方人主要食用的粮食作物。在 20 世纪 70 年代，袁畹兰等 [2, 3] 为了提高小麦粮食产量，利用不同输出电功率、不同频率的超声波设备，对不同品种冬小麦进行不同时间的处理，以便探明超声波对冬小麦的生长发育及增产效果的作用。方法是：播种前选用当前推广种植的丰产良种，利用当时现有的不同功率和不同频率的磁致伸缩式或压电式换能器的超声波清洗机，将小麦种子放在清洗槽的水中进行超声波处理；处理后的小麦种子先在室内进行水培发芽试验，观察小麦的发芽和幼苗生长发育情况，以便确定能促进小麦生长发育及增加产量的适宜的超声波处理小麦种子的最佳的声学参数。其试验的发芽情况如图5.1 所示。

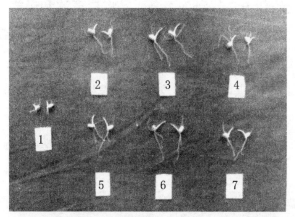

图 5.1　超声处理小麦种子后第五天发芽情况图　　图 5.2　经声光处理小麦种子后，后代有复小穗的变异穗型

图 5.1 中 1 为对照，2、3 为 250 W、20 kHz，4、5 为 250 W、30 kHz，6、7 为 80 W、20 kHz 的超声分别处理 10、20 min 小麦种子后的幼苗。

由图看出，以 250 W、20 kHz 超声处理 20 min（图中 3 号所示）表现最好最稳定，平均小麦发芽势比对照提高 $7.67 \pm 6.3\%$，$P \approx 0.01$；发芽率平均提高 $4.6 \pm 4.1\%$，$P < 0.025$。由此，试验选用室内发芽试验中以适宜的超声参数处理的小麦种子播种于田间。通过 5 年的田间种植观察统计得出：以电功率 250 W、频率 20 kHz 的压电式超声波处理 20 min 是冬小麦增产最佳剂量规范，可作为小麦播种前一项增产技术措施。经调查：超声波处理后种植的冬小麦的发芽势平均可提

高 9.15 ± 6.07%，发芽率提高 3.90 ± 3.98%；田间出苗率比对照提高 6.56 ± 6.22%，每亩基本苗数也提高 7.80 ± 7.03%；植株生长发育良好，分蘖期可早 1 ～ 3 d，每亩总茎蘖数提高 6.96 ± 6.06%；且植株干物质积累增多，结实能力提高，因而单位面积的产量获得提高，平均比对照增产 9.32 ± 8.78%；同时发现，后代种子第二年继续进行播种，仍具有一定的增产后效，贮藏和抗虫性能均有所提高。

同时，为了观察超声波处理小麦种子后，小麦后代的种子有无能增产的有益的变异，以便在育种过程中起到优育的好效果，也为给小麦育种提供一种双因子诱变的新方法，郭孝武等[5-7]将超声波和激光结合起来共同照射小麦种子，通过多年多代的田间种植观察统计，发现在第二代小麦种植田中出现了许多有复小穗的变异穗型（见图5.2），这为小麦增产选育出新的品种提供了依据。为此，1992 年"声光对小麦育种效应的实验研究"项目经国内专家学者评审，认为该研究项目属国内先进，获国家级科技成果，刊于国家科委主办的《科学技术研究成果公报》上。

种子作为农作物生产中最基本、最重要的生产资料，发芽率、发芽势、发芽指数和活力指数等是衡量种子优劣的植物学参数。所以探讨种子的生物学问题，对农业生产具有很重要的现实意义。因此，为了研究超声波处理对小麦种子萌发生长的影响，赵艳军等[8]利用频率为 53 kHz 的超声波对小麦进行不同时间处理，以便探明超声波对小麦种植的作用。方法是：将小麦种子用 5% 的次氯酸钠溶液消毒处理 10 min，用二次去离子水清洗后，放入以二次去离子水为介质的小烧杯中，置于频率为 53 kHz 的超声波清洗仪，对小麦种子分别处理 0、10、20、30 min。种子预处理完毕，用二次去离子水冲洗，置于有滤纸的培养皿中，保持滤纸湿润，在光照箱进行发芽实验。经统计，结果如表 5.1 所示。

表 5.1 超声波处理小麦种子萌发的特性

超声波处理时间 (min)	发芽势 (%)	发芽率 (%)	发芽指数	活力指数
CK	88 ± 1.63	93 ± 0.82	70.18 ± 1.52	13.40 ± 1.06
10	92 ± 1.63	96 ± 1.63	74.06 ± 3.45	14.86 ± 0.51
20	82.67 ± 6.18	86 ± 6.53	64.99 ± 4.09	12.94 ± 1.54
30	77.33 ± 5.25	83.33 ± 5.25	61.87 ± 3.79	11.93 ± 0.85

由表 5.1 看出，小麦种子经超声波处理后，种子的萌发特性指标与超声波处理时间的影响趋势是一致的，都随超声波处理时间的增加呈现先提高后降低的趋势。但以超声波处理 10 min 时，与对照相比有显著性提高：小麦种子发芽势和发芽率，比对照分别提高了 4%($P < 0.05$) 和 3% ($P < 0.05$)，发芽指数和活力指数分别提高了 3.88%($P < 0.05$) 和 1.46%($P < 0.05$)，同时小麦种子芽长、根长以及每天出苗情况均比对照有显著提高。说明适宜的超声波处理时间能够打破小麦种子休眠状态，促进种子萌发，提高种子的活力，加快幼苗生长。这个试验结果为小麦种子萌发处理提供了一种新方法。

5.1.2 水稻

水稻是人们主要的粮食作物，是世界上最主要的三大粮食作物之一，播种面积占粮食播种面积的 1/5，年产量约 4.8 亿吨，占世界粮食总产量的 1/4。全世界二分之一以上的人口以水稻为主食。我国是世界上最大的水稻生产国，水稻也是我国主要的粮食作物之一，其产量占全国粮食产量的 1/2。所以水稻产量与品质以及生产技术的提高，对于解决我国乃至全球人口粮食问题以及提升人类生活质量都具有重要意义。而高产历来就是水稻栽培和育种及有关基础理论研究的主要目标。在有限的土地资源面积上，要提高产量，种子处理是提高农作物种子活力的重要途径之一。超声波作为种子播种前预处理技术之一，在促进作物增产和提高作物种子繁衍及其生长能力等方面已经得到一定的应用。在 20 世纪 80 年代，任兴安等[9]为了提高水稻粮食产量，利用输出电功率为 250 W、频率为 13 ～ 18 kHz 的超声波对水稻进行不同时间处理，以便探明超声波对水稻育种的作用。方法是选用汕优 63 水稻种子，干谷子先用清水浸泡 30 min，再放入超声水槽中进行不同时间超声波处理，取出后立即播种。然后观察统计经超声波处理后种子的发芽、生根、分蘖等的生长发育及增产效果，经三年种植试验，结果得出：经超声波处理 25 min，种子的发芽势和发芽率分别为 13.33%，88.89%，比对照提高 11.11%，44.45%；种子的简化活力指数为 122.67，比对照高出 98.23；处理时间在 15 ～ 35 min 范围内，对种子的萌发以及种子的活力均有一定的促进作用。同时张文明等[10]也利用输出电功率 250 W、频率 16.5 kHz 的超声波对水稻进行不同时间处理，探讨超声波对水稻出苗率的影响。方法是选用杂交籼稻汕优 63 品种稻种，放入超声水槽中进行不同时间超声波处理，取出后立即播种。通过田间重复试验，超声波处理后的种子比对照发芽势提高 11.2% ～ 20.5%，发芽率提高 2.0% ～ 7.1%，芽的长度增加 29.1% ～ 43.7%，均以 10 min 处理为最好。表明超声波处理后的种子比对照出苗整齐，出苗率高，秧苗素质好，平均亩产达 564.56 kg，比对照增产 6.5%。由以上看出，用适宜剂量的超声波处理水稻种子可促进种子萌发、生根、分蘖、生长、打破休眠期、提高种子活力和提高水稻产量。这为 21 世纪利用超声波处理植物种子技术进行水稻种植育苗提供了试验依据。

袁经天等[11]以杂交水稻品种隆优 619 和常规水稻南育红籼、南育黑籼为试验材料，采用 20 kHz 和 40 kHz 混合频率超声波对水稻种子处理 30 min，以不用超声波处理作为对照，通过温室培养和田间试验，研究混合频率超声波处理对水稻萌发、产量及主要经济性状的影响。结果表明，超声波处理提高了南育红籼和隆优 619 的产量，较对照分别增产 13.7% 和 26.2%；超声波处理的隆优 619 单位面积有效穗数较对照增加 12.8%，而南育红籼无显著差异；超声波处理的南育红籼千粒重较对照增加 10.3%，达显著水平，而处理后的隆优 619 千粒重与对照相比差异不大；超声波刺激对南育红籼和隆优 619 的每穗总粒数、每穗实粒数和结实率均无显著影响；超声波刺激后隆优 619 种子发芽率降低了 8.43 个百分点，而南育红籼和南育黑籼的发芽率无明显变化。

同时，为了探讨超声波刺激对水稻产量和品质的影响，黎国喜等[12]以杂交稻品种培杂泰丰和常规稻品种桂香占等为供试水稻品种，采用超声波对 3 种供试水稻种子进行处理。方法是将水稻种子经风选和水选，再在清水中浸种 12 h 后，分别将 3 种供试的水稻种子置于频率为 20 kHz 和 40 kHz 的超声波种子处理器水槽中进行处理，各处理 30 min 后，取出桂香占种子放置于垫有 2 层滤纸的培养皿中培养，并适时喷水保持滤纸湿润。种子培养 3 天后统计发芽率；将取出的泰丰和桂香占种子，分别播入秧田。水稻采取湿润育秧的方法育秧。秧苗长至 4.5 叶左右移栽至大田。水稻大田按常规方法管理。从移栽后 4 天开始，调查水稻的茎蘖数和水稻成熟后的产量。其结果表明：超声波对水稻种子的萌发率无显著效果，但提高了种子的萌发速度并促进了水稻的生长，提高了水稻的有效穗数、单位面积颖花数，改善了稻米的外观品质。以频率为 40 kHz 超声波处理培杂泰丰水稻后可增产 9.43%，而用频率为 20 kHz 的超声波处理常规稻品种桂香占水稻可增产达到 10.55%。因此，超声波对不同品种水稻种子的处理试验为杂交稻品质的改良提供了一条经济和简便的途径。

同时，聂俊等[13]以水稻华航 31、中花 11 为供试水稻品种，采用超声波对 3 种供试水稻种子进行处理。方法是将水稻种子经风选和水选后，再在清水中浸种 12 h，分别将供试的水稻种子置于频率为 20 kHz 和 40 kHz 的超声波种子处理器水槽中进行处理，各处理 30 min 后，将取出的种子放置于石英砂的培养皿中培养，并适时喷水保持石英砂湿润。种子发芽后，每隔 12 h 统计 1 次发芽率。采取湿润育秧的方法育秧，在秧苗长出 4.5 叶时移栽至大田中，按一般高产栽培管理。在不同生长期测叶面积等各项指数，水稻成熟后调查有效穗数等指标，并进行测产。经调查统计，其结果如图 5.3、表 5.2 所示。

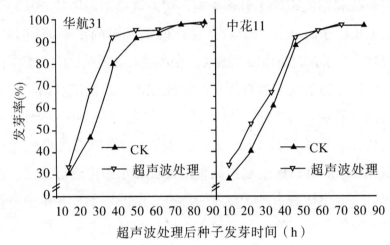

图 5.3　超声波处理水稻种子后种子发芽动态

表 5.2　超声波处理对水稻幼苗素质、产量及其构成因素的影响

品种	处理	株高 (cm)	叶面积 (cm²/株)	苗干重 (g/株)	茎基宽 (cm)	产量 (t/hm²)	结实率 (%)	千粒重 (g)	收获指数
华航 31	超声波	22.7*	65.93*	4.65*	6.23	8.87*	91.51*	23.77	0.59*
	CK	20.56	50.95*	3.67	4.47	8.12	83.50	23.48	0.55
中花 11	超声波	23.64*	61.47*	4.25*	5.53	7.03	89.76*	24.31	0.49*
	CK	21.17	51.19	3.76	5.20	6.58	86.20	23.92	0.39

注："*"表示差异显著

从图 5.3、表 5.2 看出，超声波处理水稻华航 31、中花 11 两个品种的种子后，发芽率、幼苗素质、产量等均高于对照，两个品种表现一致。超声波处理两个品种的种子后，都促进了种子发芽，提高了水稻种子发芽速率。水稻品种华航 31 和中花 11 在发芽 24、36 h 时发芽率分别为 68%、92% 和 53%、67%，比对照分别提高 44.68%、

15％和 10.42％、4.69％，同时缩短了两个品种的发芽时间；而水稻成熟后，也提高了水稻两个品种的收获产量，分别比对照增产 9.23％和 6.84％。这都说明不同品种的水稻种子经超声波处理后，不但提高了水稻种子的发芽速率、水稻秧苗的生长发育，也增加了水稻的收获产量。都为超声波在水稻生产中应用的可行性提供了依据。

同时，为探讨超声波干法处理对水稻种子发芽、出苗及产量的影响，万泗梅[14] 以两系杂交稻 Y 两优 900 为供试品种，采用 50 kHz 超声波干法处理种子 1 min，以种子不进行超声波处理做对照。方法是将供试品种水稻干种子直接放于频率为 50 kHz 的超声波处理机中进行干法处理 1 min，取出后在 15 d 内播种，以保证处理效果。采用常规催芽播种、钵苗育秧和常规栽培管理。播种后观察种子发芽势，调查种子发芽率，测量其种芽的长度；在秧苗移栽前对秧苗素质进行调查，洗净根系分别测量秧苗高度及根系的长度、直径；在分蘖盛期调查各处理的分蘖情况，测量禾苗高度、根系长度与直径，观察并记录水稻叶片颜色。水稻成熟后，调查有效穗数、每穗总粒数、每穗实粒数和千粒重等主要经济性状及进行实割测产，稻谷经烘干后测量干谷产量。其结果表明：超声波对水稻干种子处理后比对照发芽势增强，发芽率提高 5.89％，秧苗素质提高，有效穗数等主要经济性状均比对照有所提高，实割产量比对照增产 9.13％。该实验研究为超声波处理植物种子技术在水稻生产中推广应用提供科学依据。

同时，植物种子在种植前进行预处理对植物的生长发育过程产生不同程度和不同性质的影响，为探讨稻种浸种前后和带搅拌的超声处理对水稻种子的发芽及产量的影响。赵忠良等[15] 以优良水稻种子为供试品种，采用功率为 300 W，频率为 25 kHz 和 40 kHz 双频率超声波清洗机进行处理，以种子不进行超声波处理做对照。方法是将水稻种子在浸种前后分别置于双频率或带可调速搅拌器的超声波清洗机水槽中进行处理，分别处理 5、10、15、20、25、30 min。取出后，将 3 个处理的种子分区置于垫有双层浸水滤纸的同一培养皿中，在人工气候箱同一层上进行发芽实验。每天观察并记载各处理发芽情况，直至第 10 d。经统计结果表明：超声波浸种前预处理可以促进水稻种子萌发和根系生长。且以频率为 25 kHz 的超声波处理 20 min 后的水稻种子生长效果较好，其发芽势可提高 7.71% ~ 19.25%；发芽率可提高 6.32% ~ 8.12%；催芽时间缩短 10% ~ 20%；经两户稻农对龙阳 16 进行小范围对比试验，种子经过超声波处理后的秧苗整齐，根系发达，分别比参照组增产 6.67% 和 8.54%。此实验为实现超声波在农业上的应用及我国物理农机在现代农业的推广应用奠定了基础。

籼稻是水稻中的一个品种，早期已证实在水稻育种播种前对种子进行超声波预处理，可提高种子的发芽速度，增加稻米产量，改善稻米品质，但早期是将种子直接放于超声波水槽中进行处理，聂俊等 [16] 为探究干种子被超声波处理后对籼米水稻种子发芽的影响进行试验。方法是选用供试的桂香占和华航 31 籼稻，将干种子分别置于频率为 20 kHz、功率为 220 W 的超声波种子处理器中，用超声波分别处理 1、5、10 min 和对照（不进行超声波处理）。处理后的种子均放入塑料桶干燥常温储存，分别储存 1、30、60、90 d。采用不浸种催芽，直接播种在装有石英砂的陶瓷盘中，在人工气候箱中进行培养，适时喷水保持石英砂湿润，在播种后不同天数记录种子发芽数。经统计结果表明：经超声波 1、5、10 min 处理，籼稻桂香占和华航 31 干种子均显著提高了发芽率和发芽指数，其中桂香占以超声波处理 10 min 效果最好，华航 31 以超声波处理 5 min 效果最好；包衣处理能够在种子处理后 60、90 d 时显著提高种子的发芽率和发芽指数；超声波和包衣处理在处理后 90 d 内都能提高种子的发芽率和发芽指数。超声波处理还可以促进水稻幼苗根系总根长的生长，增大根系表面积和根系体积。本研究通过干种子超声波处理试验为水稻种子播前进行干种子预处理提供了理论基础和实践依据。

近年来，环境污染日益加剧，土壤盐碱化也越来越严重，盐胁迫是目前制约作物产量的重要因素。因此，改良盐碱地对我国农业生产发展具有重要意义。为了研究植物的抗盐性，选出最优的改良土壤方法，李妹娟等[17]以饶平香和华航 31 为试验材料，利用超声波在盐胁迫下进行种子处理，探讨对两种品种籼稻种子萌发的影响。方法是：将两种品种籼稻干种子直接置于功率为 220 W、频率为 20 kHz 的超声波种子处理器中进行 5、10、15 min 和以盐胁迫为对照共 4 个处理，然后直接播于含 0.8% NaCl 的石英砂基质中，放于人工气候箱中进行培养，适时喷施盐溶液，保持石英砂湿润，在种子萌发的过程中测定了种子的发芽率等各项指标。经统计结果表明：在盐胁迫下，用超声波处理不同时间的饶平香和华航 31 两品种水稻种子发芽率，在萌发 2 d 以后，均高于对照处理，其中都以超声波处理 5 min 的效果最好。饶平香品种水稻增幅在 15.94% ~ 48.00%；华航 31 品种水稻增幅在 2.22% ~ 29.31%；且提高了种子的超氧化物歧化酶 (SOD) 和过氧化物酶活性 (POD)，而降低了丙二醛 (MDA) 的含量，也以超声波处理 5 min 的效果最好。说明超声波处理不同品种水稻种子后，都可以提高盐胁迫下的种子发芽率，增强 SOD 和 POD 活性，有利于维持细胞膜的稳定性，为种子萌发和幼苗的生长提供一个稳定的内环境。

糙米是稻谷脱壳后不加工或较少加工所获得的全谷粒米，由米糠、胚和胚乳三大部分组成。与白米相比，较高程度地实现了稻谷的全营养保留。而我国有着丰富的稻谷资源，发芽糙米是一种新型的功能性食品，但生产效率不高，产业化依赖性强，市场价格昂贵，故难以推广。为了加快糙米发芽方法，加大生产效率，减小生产成本，程威威等[18]以普通早籼稻为原料，利用超声波等不同方法处理对糙米发芽的影响来进行研究。方法是：将稻谷脱壳，除去杂质、霉粒等得到全胚糙米，置于冰箱备用；利用频率为 59 kHz 的超声波清洗器对备用的糙米进行 10、20、30 min 的处理，在达到相应发芽时间后，统计发芽率。

其结果表明：超声波处理能够显著增加糙米发芽率；而超声波处理不同时间对糙米发芽率影响较小，但发芽率随发芽时间的增大而增加，与不经过超声波处理的糙米发芽率相比，以糙米发芽 8 h 时发芽率增幅最大，为 29.25%；随发芽时间的延长，发芽率增幅越来越小。此实验为发芽糙米的高效生产及小型发芽器的研发提供了理论依据和技术参数。

5.1.3 玉米

玉米是世界重要的三大粮食作物之一，是我国北方人食用的辅助粮食作物，在 20 世纪 70 年代我国人民把玉米作为主要杂粮食用，同时，它也是畜牧业中一种优质饲料，是工业生产淀粉、酒精等产品的主要原料。如何提高玉米的产量也在当时成为迫切需要解决的问题，所以在 20 世纪 70 年代袁畹兰等 [19] 为了使玉米增加产量，利用当时现有的超声波设备，对玉米种子进行了处理，以观超声波对玉米的生长发育及增产的影响。方法是将选好的玉米种子放入功率为 250 W、频率为 20 kHz 的超声波设备的清洗槽中，对玉米种子进行 5、10、15 min 处理后，放入培养皿中培养，观察幼苗生长情况，如图 5.4 所示。图中 1 为对照，2、3、4 为超声处理 5、10、15 min 玉米种子后的幼苗。由幼苗长势可看出超声处理能促进幼苗生长，比对照生长迅速，且根系发达。

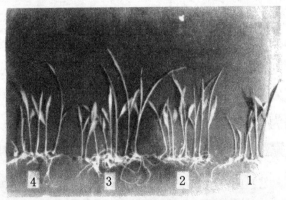

图 5.4 超声处理玉米种子后幼苗生长情况

同时，为了探讨用超声波激活种子生长酶及唤醒种子细胞活力，实现种子早生快发、抗病增强、增强品质，陈晓辉[20]以禾田4号和禾育187玉米种子为供试材料，采用广州市金稻农业科技有限公司生产的超声波植物种子干法处理机进行处理，以观超声波对玉米的生长发育及增产的影响。方法是将精选后的玉米干种子在播种前进行超声波干处理，以未经处理的种子为对照，直接播于太和村、钟山村的两块试验田中，等出苗后，在生长期先后调查株高、平方穗数、穗粒数、穗重和百粒重等指标，成熟后进行测产。其结果表明：超声波处理的玉米种子发芽率显著高于对照，而且出苗早3 d和4 d，促进了种子发芽，提高玉米种子发芽速率。且调查的两村，超声波处理的玉米种子的各指标都比各村对照区的高，成熟后进行测产，两村用超声波处理的玉米种子每亩分别增产36.4 kg和45.1 kg，增产率分别为5.6%和6.2%。从此实验看出超声波处理种子技术是一项简捷、环保、实用的农业技术，具有广阔的应用前景，进一步验证了该技术对玉米发芽及产量的影响。

5.1.4 大麦

大麦是辅助的粮食作物，是食品工业制作啤酒的原料，麦芽的质量好坏直接影响啤酒口感及销量，而目前工业上使用漂液、赤霉素等添加剂，提高了麦芽质量，但大多会对环境产生一定不利影响。为了能在得到高品质麦芽的同时降低对环境的污染，丁玮云等[21]以大麦为材料，采用超声波处理大麦种子后，探讨大麦种子萌发及麦芽品质受到的影响。方法是称取5组大麦种子，分别放于电功率为200 W、频率为40 kHz的超声波发生仪水浴内各处理5、10、15、20、25 min后，置于有2层滤纸的培养皿上，放在培养箱中进行大麦种子发芽试验。每24 h取样，进行统计，结果如表5.3所示。

表 5.3　超声波处理不同时间下大麦样品发芽率（%）

超声波处理时间 (min)	发芽时间 (h)				
	24	48	72	96	120
5（对照 / 处理）	14.5/17	27/29	42/45	52/59	54/61
10（对照 / 处理）	13/18	24/30	40/43	56/60	54/63
15（对照 / 处理）	12/17	26/29	40/47	55/61	57/68
20（对照 / 处理）	12/17	17/21	44/49	53/67	56/69
25（对照 / 处理）	9/13	13/21	42/53	47/62	40/65

由表 5.3 看出，超声波处理大麦种子后，大麦种子发芽率及麦芽品质的指标均高于对照，显示出明显的发芽优势，其中以超声波处理 20 min 的种子优势最为明显，比未经处理的对照组有了明显的提高。由此可见，超声波处理能显著地促进大麦的萌发，提高种子活力及麦芽品质，有效提高麦芽质量，提高啤酒品质和改善口感，为工业生产应用超声波处理大麦提供了可能。

5.1.5　荞麦

荞麦属于蓼科荞麦属植物，是辅助的粮食作物，主要有甜荞和苦荞两个品种。荞麦含有丰富的蛋白、碳水化合物、不饱和脂肪酸及维生素，尤其富含叶绿素和黄酮类化合物等成分，具有多种生理功能。但荞麦发芽过程中存在发芽率较低，易感染微生物等问题。为了探讨荞麦种子萌发及麦芽营养物质累积的影响，张冬晨等 [22] 采用超声波处理荞麦种子，研究其对发芽率的影响，并考察营养物质的含量变化。方法是取颗粒饱满、无生理缺陷、大小均一的荞麦种子，用自来水洗涤，加入蒸馏水，放入恒温发芽培养箱中浸泡 6 h，然后放入功率为 480 W，频率为 40 kHz 的超声波清洗槽中，处理 10、15、20、25、30 min，以不用超声处理为对照。再将经超声波预处理过的荞麦种子放入恒温培养箱中进行培养，每隔 12 h，依次测量其发芽率和麦芽营养物质。经统计，结果如图 5.5 所示。

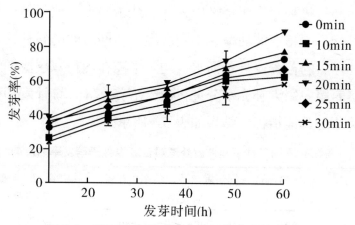

图 5.5 超声波处理对荞麦种子发芽率的影响

由图 5.5 看出超声波处理荞麦种子后，荞麦种子发芽率随超声波处理时间不同而不同，其中以超声波处理 20 min 组的发芽率随着发芽时间的延长，一直高于其他几个处理组，在 60 h 发芽率几乎达 100%。试验结果表明：超声波处理 10 ～ 20 min 可以提高荞麦种子的发芽率，而且萌发后荞麦芽的品质有所提高，其抗氧化物质有一定程度的累积。可见荞麦萌发之前采用适宜的短时间的超声波处理，不仅能促进萌发，还能促进其抗氧化能力的提高，为此而找到一种既能促进种子萌发又能提高营养价值的荞麦芽生产新技术。

5.1.6 苦荞麦

苦荞麦为双子叶蓼科荞麦属药食两用植物，营养丰富，富含黄酮类化合物，为"食药两用"的粮食珍品。苦荞麦萌发后芦丁含量成倍增加，营养价值和生物活性显著提高。为了研究超声波参数与苦荞种子的萌发及芽苗生物活性成分富集的关系，王顺民等[23]采用超声波处理苦荞麦种子后，探讨苦荞麦种子萌发及芽苗营养物质累积的影响，方法是选择粒大、饱满的苦荞麦种子，用清水冲洗干净，以 1.0 g/L 高锰酸钾溶液浸泡消毒 5 ～ 10 min，用清水洗涤至澄清。转入纯净水中浸泡 4 h，期间换水一次，后将种子置于 50 ～ 60℃温水中催芽 15 min。将种子置于烧杯中，加入纯水浸没，放于超声波清洗机水槽中进行不同超声波功率、不同水温、不同时间的各种处理。将经超声波处理后的苦荞麦种子沥水，均匀平铺在内衬双层滤纸的培养皿上，在培养箱中每天补充水分进行避光培养 9 d，统计发芽种子数和苦荞麦芽苗的其他指标。结果如表 5.4 所示。

表 5.4 不同条件下超声波处理对苦荞麦种子萌发率的影响

(同温度 20 ℃，处理 30 min) 萌发率 (%)		(同温度 20 ℃，功率 280 W) 萌发率 (%)		(同功率，280 W 处理 35 min) 萌发率 (%)	
功率 (W) 24 h	84 h	时间 (min) 24 h	84 h	温度 (℃) 24 h	84 h
CK 50.00 ± 5.66	88.00 ± 2.83	CK 51.33 ± 4.16	92.00 ± 3.46	CK 52.00 ± 2.00	95.33 ± 3.06
200 51.00 ± 5.66	87.00 ± 4.24	10 73.33 ± 2.31	96.00 ± 9.99	15 61.33 ± 4.16	90.00 ± 8.72
240 64.00 ± 5.66	94.00 ± 2.83	15 69.33 ± 2.31	97.33 ± 1.15	20 73.33 ± 3.06	90.00 ± 3.46
280 51.00 ± 4.24	90.00 ± 8.49	20 70.67 ± 1.15	97.33 ± 1.15	25 48.67 ± 1.15	90.67 ± 3.06
320 37.00 ± 1.41	84.00 ± 8.49	25 78.67 ± 2.31	97.33 ± 1.15	30 48.00 ± 5.29	94.67 ± 2.31
360 49.00 ± 1.41	93.00 ± 4.24	30 83.33 ± 3.06	94.67 ± 5.77	35 45.30 ± 3.06	96.00 ± 2.00
400 44.00 ± 5.66	86.00 ± 5.66	35 88.00 ± 2.00	100.00 ± 0.0	40 41.33 ± 3.00	90.67 ± 4.62

由表 5.4 看出超声波处理苦荞麦种子后，超声波的功率、处理时间和水的温度对种子的初始萌发率影响显著。其中以超声波功率 280 W、温度 20℃、时间 35 min 处理条件下，苦荞麦种子的初始萌发率和最终萌发率分别达 88.00% 和 100%。而麦芽内营养物质累积在不同条件下各有不同的增加。由此可见，超声波处理能促进苦荞麦种子萌发和提高其芽苗营养价值，为超声波技术的工业化应用提供理论参考。

同时，为了探究不同超声波处理对苦荞麦种子的萌发及其萌发过程中黄酮类物质含量的变化的影响，卞紫秀等[24] 采用超声波处理苦荞麦种子后，探讨超声波对苦荞麦种子萌发及发芽苗期黄酮含量的影响，方法是选择颗粒饱满、粒大的苦荞麦种子，用清水冲洗干净，以 1.0 g/L 高锰酸钾溶液浸泡消毒 5 ～ 10 min，用清水洗涤至澄清。转入纯净水中浸泡 4 h，期间换水一次，后将种子置于 50 ～ 60℃温水中催芽 15 min。再将种子置于超声波清洗机水槽中，用不同的超声波功率，在不同水温下处理不同时间。将经超声波处理后的苦荞麦种子沥水，放于双层滤纸的培养皿上，于全自动种子发芽箱中进行避光培养，至第 7 d 结束，统计苦荞麦种子发芽数和苦荞麦芽苗的其他指标。通过超声波对苦荞麦种子在播前预处理的重复实验，结果表明超声波处理苦荞麦种子萌发的最佳工艺为：以水槽温度为 29℃，功率为 320 W 的超声波对苦荞麦种子处理 30 min，苦荞麦种子的萌发率较高，达 98%。培养 4 d 后的芽苗中黄酮含量较高，为（8.24±0.32）g /100 g。可看出超声波处理苦荞麦种子技术有助于促进苦荞麦种子的萌发力，有利于苦荞麦种子在萌发过程中，增加苦荞芽苗中黄酮类物质的含量，为苦荞麦产品开发提供理论基础。

通过以上超声波对粮食作物种子进行预处理后取得的效果的例子看出，利用超声波处理植物种子新技术，不但可以提高粮食作物种子的发芽率、田间的出苗率、成苗的速率，促进幼苗和植株生长发育，而且增加了粮食作物的收获产量，加速了粮食作物种植大发展，为农业粮食作物种植提供了播前预处理的新方法。

参 考 文 献

[1] 吴海燕，欧阳西荣.粮食作物种子处理方法研究进展 [J]. 作物研究，2007，21(5)：525–530.

[2] 袁畹兰.超声处理对冬小麦生长发育和增产的研究总结 [J].陕西师范大学学报（自然科学版），1978(1)：7–11.

[3] 袁畹兰.超声波在农业中应用的进展 [J].声学进展，1982(1)：11–16.

[4] 郭孝武.超声技术在药用植物种植栽培中的应用 [J].世界科学技术——中药现代化，2000，2(2)：24–26.

[5] 郭孝武，袁畹兰，张福成，等.声光对小麦育种效应的实验研究 [J].应用声学，1988，7(1)：23–27.

[6] 郭孝武，袁畹兰，张福成，等.声光辐射对小麦后代的影响 [J].陕西师范大学

学报（自然科学版），1988，16(1)：89–90.

[7] 郭孝武，袁畹兰，张福成，等.声光辐射对小麦育种后代的影响效应 [C].《西北地区高师院校物理学学科学术讨论会论文》，西安，1987.

[8] 赵艳军，王宝军，刘婧，等.超声对小麦种子萌发特性的生物学效应研究 [J].种子，2012，31(9)：112–114.

[9] 任兴安，王益善，杨波，等.超声对水稻生长发育及增产效果的试验研究 [J].应用声学，1993，12(1)：31–33.

[10] 张文明，赵志杰，刘铂，等.超声波不同剂量处理水稻种子对其发芽出苗的影响 [J].种子，1993(5)：48.

[11] 袁经天，严锦璇，汪德锋，等.超声波处理对水稻种子萌发、产量及产量构成的影响 [J].中国稻米，2014，6(2)：53–55.

[12] 黎国喜，严卓晟，闫涛，等.超声波刺激对水稻的种子萌发及其产量和品质的影响 [J].中国农学通报，2010，26(7)：108–111.

[13] 聂俊，严卓晟，肖立中，等.超声波处理对水稻发芽特性及产量和品质的影响 [J].广东农业科学，2013(1)：13–15.

[14] 万泗梅.50kHz 超声波干法处理对水稻种子发芽、出苗及产量的影响 [J].福建农业科技，2018(6)：12–15.

[15] 赵忠良，张连萍，张蓓，等.超声波处理稻种对其生根发芽的影响 [J].农机化研究，2011(6)：122–124，153.

[16] 聂俊，肖立中，严卓晟，等.籼稻干种子经超声波和包衣处理后的发芽和根系生长变化 [J].华北农学学报，2014，12(2)：181–187.

[17] 李妹娟，唐湘如，聂俊，等.在盐胁迫下超声波处理对籼稻种子萌发的影响 [J].西南农业学报，2014，27(6)：2440–2443.

[18] 程威威，吴跃，周婷，等.不同前处理对糙米发芽的影响 [J].食品工业科技，2014，35(12)：99–103.

[19] 袁畹兰.超声波在农业中应用的进展 [J].声学进展，1982，(1)：11–16.

[20] 陈晓辉.超声波处理对玉米种子发芽及产量的影响 [J].农民致富之友，2019(4)：122.

[21] 丁玮云，田桐，邱然.超声波促进大麦发芽及对麦芽品质的影响 [J].粮食与食品工业，2011，18(5)：26–28.

[22] 张冬晨，刘海杰，刘瑞，等.超声波处理对荞麦种子营养物质累积以及抗

氧化活性的影响 [J]. 食品工业科技，2015，36(7)：69–73，78.

[23] 王顺民，汪建飞. 超声波处理对苦荞麦萌发、芽苗还原糖和总黄酮含量及
抗氧化活性的影响 [J]. 提取与活性，2017，23(1)：163–168.

[24] 卞紫秀，汪建飞，王顺民. 超声波处理下苦荞麦萌发及富集黄酮工艺优化
研究 [J]. 安徽工程大学学报，2018，33(5)：7–13.

5.2 超声波处理蔬菜种子新技术的应用

蔬菜是人们日常生活中不可或缺的副食品，是人类获取各种人体
所需的活性成分的主要来源，包括黄瓜、番茄（西红柿）、辣椒、冬
瓜、菜豆等，在我国城乡居民膳食结构中具有非常重要的地位，它们
不但能为人体提供营养成分，还能提供食用物质。因而，近年来我国
的蔬菜产业实现了快速发展，在产值、出口量等方面均位居农作物首
位，已成为中国农民增收、农村发展的支柱产业。所以在我国，蔬菜
产业是发展速度最快的农产品产业之一，在国际贸易中有较为明显的
优势，但这离不开蔬菜种植科学技术的快速发展和强力支撑。因此，
在我国国民经济高速发展中，蔬菜产业正面临实现转型升级的关键时
刻，应继续大力发展蔬菜种植科学技术，推进科技创新。利用先进的
科学技术促进蔬菜种植业的发展是必由之路。

依据 20 世纪国外报道，利用超声波在播种前对蔬菜种子进行处
理，如：克罗托娃利用 760 kHz 超声波对四季萝卜种子处理 30 ～ 60 s，
两次平均增产 32.7% ～ 40.6%；伊斯特米娜和奥斯特洛夫斯用超声波
对豌豆种子进行 5 分钟刺激，产量较对照增加 3.22 倍，茎叶的重量
增加 2 ～ 4 倍；同时，对马铃薯种用块茎进行超声处理，使马铃薯提
早开花 7 d，产量提高 30%。克罗托娃对蔬菜类作物试验的结果指出，
在适宜的处理时间下，用频率为 760 kHz 的超声波刺激洋葱种子，最
有效的时间是 3 min，胡萝卜是 1 min，茄子是 30 ～ 60 s，都能获得
增产。在国内也有报道利用超声波技术对蔬菜种子进行处理，卢心固[1]

当时为了提高白菜的产量，以改善人民的生活，利用不同频率的超声波对白菜种子进行处理。通过在培养皿和花盆中的培养、观察、统计，试验结果发现：超声波处理白菜种子后能缩短种子的出苗时间，提早出苗；促进白菜幼根和幼苗生长，最终提高鲜叶重量和产量；以频率为 20 kHz 处理 6 min 和 25 kHz 处理 2 min 的产量提高较显著，分别为对照的 1.84 倍和 1.83 倍。华南师院生物系超声波应用研究小组[2] 也用超声波对菠菜和白菜种子进行处理，初步试验结果表明：用适量的超声波处理白菜和菠菜种子都能起到良好的增产效果，用频率为 440 KHz 的超声波处理 2 min 或 4 min 后，菠菜的产量比对照组有明显的提高，以处理 4 min 的最为显著，比对照组产量提高了 29%。以上研究为超声波技术处理蔬菜种子打开了应用之门。

我国是世界第一蔬菜生产与消费大国，在蔬菜栽培方面历史悠久，且种质资源极为丰富，其种植业是确保现代蔬菜产业发展和蔬菜均衡供应的重要基础，在国民经济中占有重要地位。据报道[3]，2014年全国蔬菜种植面积 3.2 亿亩，总产值超过 1.3 万亿元。预计未来 10年我国蔬菜种植面积进一步增加的空间有限，播种面积、单产和总产量增速将趋于放缓，2024 年蔬菜种植面积将增至 32.340 万亩，年均增速为 0.1%。随着我国政府对人们"菜篮子"的重视，必须靠科技创新以实现蔬菜种植业的可持续发展，利用科学技术进行蔬菜育种。

进入 21 世纪以来，利用超声波处理蔬菜种子也已迅速普及开来，近 20 年发表的超声波促进蔬菜生长的论文已有 70 余篇，比 20 世纪发表的提高了 5 倍多。下面介绍超声波处理植物种子新技术对不同蔬菜植物种子的广泛应用。

5.2.1 黄瓜

黄瓜隶属于葫芦科甜瓜属有性繁殖植物，为我国常见的栽培蔬菜。同时也是一种药材，具有抗肿瘤、抗衰老、健脑安神和降低血糖等功效，且具有很好的保湿作用，因此可用作面膜保护皮肤。黄瓜也是民众常食的蔬菜，既可生食，又可熟食。王洪娴[4]为了提高黄瓜品质与产量，使黄瓜提早萌发，以"伯乐一号"黄瓜种子为实验材料，利用超声波对黄瓜种子进行不同时间处理，以便探明超声波对黄瓜种子萌发能力的作用。方法是将黄瓜种子放于频率为 40 kHz 的超声波水浴中分别处理 20、40、60 min 后取出，用蒸馏水反复冲洗，滤干后，将种子均匀排列于发芽床上垫有双层滤纸的培养皿内，滤纸保持充分湿润，每床摆 50 粒，连同对照设置 3 个重复处理，均放在 25℃培养箱中，恒温光照 12 h 进行培养。以种子根的萌发长度超过 1 mm 为计数标准，培养后的第 18 小时开始计数，每隔 6 h 记录 1 次种子萌发个数。经统计，结果如表 5.5 所示。

表 5.5　超声波对黄瓜种子萌发能力的影响试验数据

超声时间 (min)	发芽始见小时数 (h)	发芽势 (%)	发芽率 (%)	发芽指数
20	18	6.33	87.33	6.29
40	18	14.67	86.67	6.15
60	18	20.00	86.00	6.83
CK	18	62.67	84.00	8.34

由表 5.5 观察可知，经超声波处理的黄瓜种子种植后，能够明显提高黄瓜种子的发芽率，处理不同时间的黄瓜种子发芽率较对照组均有提高，但发芽势和发芽指数较对照组有所降低，而以超声波处理 20 min 时，发芽率最高，为 87.33%。所以，为提高黄瓜种子的发芽率，可以在大规模播种前，以超声波处理黄瓜种子 20 min，作为预处理。通过筛选，超声波处理技术是最佳的促进黄瓜种子萌发的方法，为生产实践中有效促进其种子萌发提供一定的科学依据。

5.2.2　番茄（西红柿）

番茄富含维生素 C，是人们所喜爱的果菜类蔬菜。杨君丽等[5]为了提高品质与产量，使番茄提早上市，利用输出电功率 50 W，频率 40 kHz 的超声波对番茄种子进行不同时间处理，以便探明超声波对番茄种子萌发能力的作用。方法是将番茄种子用纱布打包，每包 50 粒，先清水预浸 60 min，再置于盛有清水的超声波容器中进行预处理 5 min，去掉吸附在种子上的小气泡，再分别处理 10、20、30、40、50、60 min 和对照。取出后放在铺有滤纸的平皿中，置室温下室内培养。于种植第 4 d 测定番茄种子的发芽数，计算其发芽势，第 10 d 测定种子的发芽率和平均根长，计算种子的简化活力指数。其结果如表 5.6 所示。

表 5.6 超声波对番茄种子萌发能力的影响试验数据

序号	超声时间 (min)	发芽势 (%)	发芽率 (%)	平均根长 (cm)	G·S	比 CK
1	CK	17c	36b	10.4	373.4	0
2	10	21bc	46ab	10.7	492.2	+118.8
3	20	26ab	46ab	10.8	496.8	+123.4
4	30	31a	51a	12.3	627.3	+253.9
5	40	25ab	51a	10.3	525.3	+151.9
6	50	26ab	53a	10.6	561.8	+188.4
7	60	27ab	50a	11.4	570.0	+196.6

由表 5.6 看出，对番茄种子进行超声波处理，能够促进种子萌发，显著提高种子的活力。超声波处理时间在 10 ～ 60 min 范围内均有效果，其中以超声波处理 30 min 效果最为明显：种子的发芽势和发芽率分别为 31% 和 51%，比对照分别高出 14% 和 15%；种子的平均根长为 12.3 cm，比对照长 1.9 cm；种子的简化活力指数为 627.3，比对照高 253.9。由此看出超声波处理种子新技术是一种简捷实用、高效环保的技术，有着十分广阔的应用前景。

5.2.3 辣椒

辣椒富含维生素 C，是人们所喜爱的果菜类蔬菜。杨君丽等[5] 为了提高品质与产量，使辣椒提早上市，利用输出电功率 50 W，频率

40 kHz 的超声波对辣椒种子进行不同时间处理，以便探明超声波对辣椒种子萌发能力的作用。方法是将辣椒种子用纱布打包，每包 50 粒，先用清水预浸 60 min，再置于盛有清水的超声波容器中进行预处理 5 min，去掉吸附在种子上的小气泡。再分别处理 10、20、30、40、50、60 min 和对照。取出后放在铺有滤纸的平皿中，置室温下培养。于种植第 4 d 测定辣椒种子的发芽数，计算其发芽势，第 10 d 测定种子的发芽率和平均根长，计算辣椒种子的简化活力指数。结果如表 5.7 所示。

表 5.7　超声波对辣椒种子萌发能力的影响试验数据

序号	超声时间 (min)	发芽势 (%)	发芽率 (%)	平均根长 (cm)	G·S	比 CK
1	CK	27d	78b	5.4	421.2	0
2	10	43ac	91a	5.6	509.6	+88.4
3	20	45a	88a	5.9	519.2	+98.0
4	30	42ab	88a	5.6	492.8	+71.6
5	40	37abc	91a	5.3	482.3	+61.1
6	50	31cd	88a	5.0	440.0	+18.8
7	60	34bcd	87a	5.0	435.0	+13.8

由表 5.7 看出，对辣椒种子进行超声波处理，能够促进种子萌发，提高种子的活力。超声波处理时间在 10 ～ 40 min 内均有效果，其中以超声波处理 20 min 效果较为明显：种子的发芽势和发芽率分别为 45% 和 88%，比对照分别高 18% 和 10%；种子的平均根长为 5.9 cm，比对照长 0.5 cm；种子的简化活力指数为 519.2，比对照高 98.0。这试验为生育期较短的蔬菜生产提供了参考。

5.2.4 菠菜

菠菜是我国普遍栽培的秋冬蔬菜之一。菠菜种子因外果皮构造紧密，通透性差，休眠性强，使之发芽比较困难。张成全等[6] 分别采用频率为 20 和 50 kHz，功率为 80 W 的超声波对菠菜种子进行处理。结果表明：20 kHz 超声处理 2 min 的效果最佳，发芽势和发芽率分别比对照提高 20.8% 和 12.8%；50 kHz 的超声处理效果更为突出，以处理 1、4、6 min 的发芽势比对照都提高 10% 以上，而处理 2、3、8 min 的比对照提高 15% 以上，分别达到差异显著水平。而菠菜种子经 50 kHz 超声波处理 8 min 后，比对照增产 26.4%，且幼苗大、根系发达，生长健旺。

5.2.5 冬瓜

冬瓜是中国南北各地的主要蔬菜，而黑皮冬瓜是华南地区推广的优良冬瓜品种，也是由南向北运以调节北方早春蔬菜市场供应的品牌蔬菜。黑皮冬瓜不仅在南北各地走俏，而且享誉东南亚及港澳地区。但黑皮冬瓜种子种皮厚，在浸种催芽过程中常出现发芽率低、发芽缓慢、出芽不整齐等现象，造成生产上用种量大。为了促进黑皮冬瓜种子萌发提高种子活力、节约用种量，陆美莲等[7, 8]利用功率 80 W、频率 40 kHz 的超声波对黑皮冬瓜种子进行不同时间处理，以便探明超声波对黑皮冬瓜种子萌发能力的影响。方法是将黑皮冬瓜种子每 50 粒，分 6 个重复，放于超声波水槽中分别处理 0、5、15、30、60 min 后取出，置于垫有双层滤纸的培养皿中，在 30℃光照培养箱进行种子发芽试验，每天观察记录各处理发芽情况，直至第 14 d。通过计算，结果表明：以超声波处理 5 min 的黑皮冬瓜种子，其发芽率、发芽势、发芽指数、发芽速率和发芽整齐度等发芽力和活力指标分别比对照提高了 12.3%、54.0%、39.4%、30.8%、81.8%，显著地促进了黑皮冬瓜种子的萌发，提高了种子活力。且用超声波对黑皮冬瓜种子进行播种前预处理具无公害、操作方法简单、容易掌握的优点，是一种有效地促进黑皮冬瓜种子萌发的方法。

5.2.6 黄豆

黄豆芽是黄豆经水浸泡后而发的芽，是国人喜食的一种传统优质蔬菜。在黄豆芽的生产过程中，人们为了提高黄豆的萌发率，防止其腐烂而大量使用化学试剂（如：亚硝酸盐、尿素等），该方法生产出的黄豆芽不但营养价值下降，而且对身体健康有害。赵萌萌等[9]利用功率为 150 W、频率为 40 kHz 的超声波对黄豆种子进行不同时间处理，以便探明超声波对黄豆种子萌发能力的影响。方法是将挑选的黄豆经 70% 酒精溶液浸泡灭菌后，用蒸馏水洗涤，置于锥形瓶中加入蒸馏水，放入恒温水浴锅（25 ℃）中浸泡 6 h，然后放入超声波清洗仪槽中各处理 0（CK）、10、15、20、25、30 min 共 6 个组，重复 3 次。再将经过预处理的黄豆样品放入恒温培养箱中进行培养，每天加蒸馏水，依次测量萌发率、胚轴长度和重量，依次测量 5 d。计算发芽率、发芽指数、活力指数等指标，结果如表 5.8 所示。

表 5.8　超声波处理对黄豆发芽率、发芽指数、活力指数的影响

超声时间 (min)	24 h			36 h	
	萌发率 (%)	发芽指数	活力指数	萌发率 (%)	发芽指数
10	13.33 ± 2.82	2.67 ± 0.43	1.33 ± 0.14	56.67 ± 5.78	7.11 ± 0.32
15	21.67 ± 2.91	4.33 ± 0.47	3.50 ± 0.22	66.67 ± 5.72	8.89 ± 0.31
20	18.33 ± 2.83	3.67 ± 0.44	2.57 ± 0.20	83.33 ± 5.74	11.11 ± 0.33
25	26.67 ± 2.79	5.33 ± 0.47	5.33 ± 0.29	96.67 ± 5.73	12.92 ± 0.31
30	16.67 ± 2.81	3.33 ± 0.42	1.67 ± 0.14	73.33 ± 5.77	9.78 ± 0.32
CK	11.67 ± 2.79	2.33 ± 0.41	0.47 ± 0.06	46.67 ± 5.77	6.2 ± 0.31

由表 5.8 看出，黄豆种子经超声波处理不同时间后，其萌发率、发芽指数、活力指数均有显著提高，尤以超声波处理时间为 25 min，培养时间为 3 d 的为最佳。通过试验，经超声波处理黄豆种子后，可以改良黄豆芽的品质，缩短豆芽的生长时间，有效地防止烂根现象，延长豆芽的保质期，是一种既能促进种子萌发又能提高营养价值的黄豆芽生产新技术。由此可知，超声波处理种子新技术可作为一种无公害的物理处理手段在生物科学领域得到广泛的应用。

通过以上超声波处理蔬菜种子的实际例子看出，利用超声波处理种子新技术，不但可以打破蔬菜种子的休眠状态，提高种子活力，促

进种子发芽和幼苗生长，还能使蔬菜提早成熟、增加产量，为增加经济效益创造了条件。

参 考 文 献

[1] 卢心固. 超声波对白菜种子萌发和发育的影响 [J]. 安徽农学院学报，1979(00) 134–137.

[2] 生物系超声波应用研究小组. 超声波处理菠菜和白菜种子的初步试验报告 [J]. 华南师院学报，1961：100–103.

[3] 丁海凤，于拴仓，王德欣. 中国蔬菜种业创新趋势分析 [J]. 中国蔬菜，2015(8)：1–7.

[4] 王洪娴. 不同处理对黄瓜种子萌发的影响 [J]. 中国农学通报，2015，31(10)：87–91.

[5] 杨君丽，董汇泽，侯全刚，等. 超声波对2种蔬菜种子萌发能力的影响 [J]. 种子，2011，30(12)：97–98.

[6] 张成全，王秀芳，王辰东. 超声波对菠菜种子萌发及过氧化氢酶的影响 [J]. 河北农业大学学报，1990，13(3)：22–26.

[7] 陆美莲，郑慧明. 理化处理促进冬瓜种子萌发 [J]. 作物杂志，2003(6)：38–39.

[8] 陆美莲，张渭. 超声波促进黑皮冬瓜种子萌发 [J]. 种子，2004(5)：283–284.

[9] 赵萌萌，崔向军，汪斌，等. 超声波处理对黄豆种子萌发过程的影响 [J]. 湖南农业科学，2013(7)：39–42.

5.3 超声波处理中草药材种子新技术的应用

中草药材是被人们用于治疗疾病的野生或家种的药用植物，我国中草药材植物资源丰富，不仅用于防病治病，而且可用于食品、饮料、化妆品。随着中草药材在实践应用中需求量不断增加，天然野生的药用植物难以满足。为了人们生活中的需求，开发利用中草药材，对部分用量大的药用植物进行人工种植培育，已成为时代所趋。一般多用种子繁殖的药用植物种类约占65%，但多数中药材种子具有休眠现象，造成不能适时播种或播种后出苗率低，这是中药材种植的制约因素，所以难以扩大中药材的种植面积。因此，人们想尽各种方法在播种前对种子进行处理，以便打破种子休眠，提高出苗率，增加中药材产量，扩大中药材的种植面积，培育出堪比野生的优质的药用药材，以缓解当前市场上中药材供不应求的局面。为了确保中药材种子播后苗全苗壮，提高其品种的抗逆性和质量效益，增加中药材植物的药用产量，必须对植物种子在播种前进行科学处理，以打破种子休眠。生产者利用各种不同的方法探讨，在实践生产中，还利用超声波处理技术对野生中药材植物根茎进行处理，增加了产量，促进了无性繁殖的应用，但难满足市场的需要[1]；又采用超声波处理技术对中药材植物种子进行处理，打破种子休眠，取得了促进植物幼苗植株生长发育和增产的显著效果[2]。

随着我国对断、缺、少的中药材植物发展人工培育种植的重视，在 20 世纪，陕西师范大学应用声学研究所和西安植物园进行了超声处理中草药材种子后的种植栽培应用研究[3]，在陕西省洛南县田间种植桔梗、丹参药材约 3 千多亩，都获得了显著效果，解决了药材野生变家种的难关，为大面积种植药材的推广提供了有利条件，促进了超声波处理中药材种子的广泛应用。为此，1979 年"桔梗野生变家种的研究"项目，获陕西省科委科技成果二等奖；1980 年"丹参野生变家种的研究"项目，获陕西省科委科技成果三等奖。因此，超声波处理种子新技术在中药材种子的人工种植中迅速地发展起来，在 21 世纪的前 20 年里共发表相关论文 60 余篇，比 20 世纪发表的多了 6 倍多。下面介绍超声波处理植物种子新技术对中药材植物种子的广泛应用。

5.3.1 白术

白术为菊科植物，是治疗脾虚食少，腹胀泄泻等疾病的一味中药材，常采用无性繁殖进行人工种植。郭孝武[4]为了探讨超声波处理植物种子新技术对白术种子发芽及幼苗生长的影响，利用输出电功率250 W，频率20 kHz的超声波对白术种子进行不同时间的处理，以便探明超声波对白术种子萌发能力的作用。方法是将干种子置于盛有清水的超声槽中，用超声波进行处理。分别处理1、3、5、10、15 min和对照，取出后播种于蛭石盘中，置室温下室内培养。发芽后统计种子的发芽数，测定幼苗高度、叶面面积、根系长度等数据，进行统计分析。结果如表5.9所示。

表5.9 超声波对白术幼苗叶面积和根系的影响

处理时间（min）	叶面积		根 长		主根上的支根数（个）
	mm²	%	mm	%	
CK	194.99 ± 39.67	100	78.91 ± 7.90	100	8.4
1	197.66 ± 36.17	101.37	79.83 ± 2.12	101.17	9.8
3	260.40 ± 35.60	133.55	137.08 ± 8.84	178.72	18.5
5	254.66 ± 32.92	130.60	111.67 ± 11.79	141.52	10.8
10	257.64 ± 22.62	132.13	138.50 ± 13.94	175.52	11.8
15	278.55 ± 30.25	142.85	148.33 ± 15.96	187.56	18.7

由表5.9看出，以超声波处理3 min的白术种子，其发芽率比对照可提高20%，对白术幼苗的生长也有促进作用，随处理时间的延长，株高、叶面积都有所增加，以处理15 min的幼苗平均生长为最优，且根系发达。如图5.6所示。

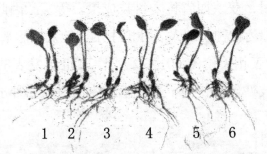

图5.6 经超声处理白术种子后种子幼苗生长情况

图中1为对照，2、3、4、5、6是经超声波处理1、3、5、10、15 min后的白术幼苗的生长情况通过用超声波处理植物种子新技术对白术种子进行处理种植后，观察了白术种子的生长情况，取得了显著效果。为了探讨常用的无性繁殖用超声波处理后进行人工种植能有何效果，郭孝武[5]又利用频率为 20 kHz、换能器辐射面的平均声强度约为 0.5 W/cm^2 的超声波对翌年收获的白术小块根进行不同时间处理，以便探明超声波对白术块根生长能力的作用。方法是将小的野生白术块根，分别置于盛有水的超声波辐射源的声场中处理 3、5、10、15 min 和对照。然后取出，将块根栽植于大田中，按常规管理统计，重复三年，测定块根的出苗率、根重量及干燥后的根产量。结果如表 5.10 所示。

表 5.10　超声波处理对白术块根出苗率和根重的影响

处理时间（min）	出苗率 (%)	块根重 (g·株$^{-1}$)			%
		带须根重	净重	干燥后重	
0	78.3	65.4 ± 14.3	39.2 ± 6.0	17.9	100
3	86.3	73.4 ± 13.1	42.7 ± 7.1	20.2	112.8
5	88.7	76.3 ± 17.7	46.2 ± 4.7	21.1	117.9
10	89.3	78.5 ± 4.8	47.0 ± 5.4	21.4	119.6
15	79.0	65.6 ± 5.2	44.0 ± 3.1	19.2	107.3

由表 4.10 看出，经超声波处理 10 min 的白术块根栽种后，其出苗率比对照高 14.05%，单株根产量高 19.6%，可看出超声波处理白术小块根后，也能促进植株生长，使块根的须根增多，便于吸收营养，以增加块根产量。

5.3.2　重楼

重楼[6] 为百合科重楼属植物，全球约有 24 种，我国有 19 种，大多分布在西南各省。云南重楼（滇重楼）是用于治疗疮痈肿痛、蛇虫咬伤、跌扑伤痛等症的主要原料，所以药用价值较高，具有悠久历史。但重楼根茎生长缓慢，且有性繁殖非常困难，在两年后才能发芽，又由于大量采挖使野生重楼资源日益减少，濒临枯竭，所以必须进行人工栽培。

在20世纪，西安植物园中草药组和陕西师大应用声学所合作[7]，为了积极探索重楼植物的人工栽培技术，解决重楼药材的有性繁殖问题，利用输出电功率250 W，频率20 kHz的超声波对重楼种子进行不同时间处理，以便探明超声波对重楼种子萌发能力的作用。方法是将重楼干种子置于盛有清水的超声槽中，用超声波分别处理20、30、40、50 min和对照播种于蛭石盘中，置室温下室内培养。发现经超声波处理的重楼种子播种后在当年即可发芽生长，而且也大大地缩短了发芽时间，而未处理的重楼种子播种后第二年才发芽。经超声处理重楼种子后种子发芽情况如图5.7所示。

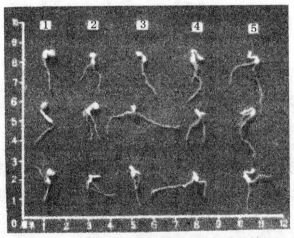

图5.7　经超声处理重楼种子后种子发芽情况

图中1为对照，为未处理的重楼种子播种后第二年发的芽，2、3、4、5是经超声处理20、30、40、50 min的重楼种子播种后当年发的芽

由图5.7看出，超声波处理重楼种子技术的试验，为重楼进行人工种植，缓解重楼野生资源的供应不足提供了试验依据。

陕西师大应用声学所的同志[8]还对重楼块根采用超声波处理10 min，在生长1年后，块根上所生的芽比对照的多，如图5.8所示。

图 5.8　超声波处理重楼块根后，生长 1 年所生的芽

滇重楼是云南重楼，具有抗肿瘤、抑菌抗病毒、防治心血管疾病等多种药理作用，是云南白药、宫血宁胶囊、楼莲胶囊等中成药的主要原料，在云南省每年的用量就达数百吨，市场需求量较大。而其野生贮藏资源极度缺乏，造成药材原料紧缺。周浓等[9]为了解决工业药用原料（滇重楼）的严重紧缺，满足医药工业的需要，利用不同超声功率的超声波对重楼种子在不同温度下进行不同时间处理，以探讨滇重楼种子的萌发能力，选择最佳萌发条件。方法是选取籽粒饱满、质地均匀、无病虫害的重楼种子，去除外果皮，用去离子水洗净，用 10% 次氯酸钠溶液浸泡 15 min，最后用去离子水冲洗干净，常温浸泡 24 h（水温 15 ~ 25℃），让种子充分吸水；再用 3 层纱布打包，置于超声波清洗器中，处理时水温控制在不同温度（30、40、50、60℃）下，用不同超声功率（80、120、160、200 W）各处理不同时间（10、20、30、40 min）。处理后的种子放在两层滤纸的培养皿中萌发，保持苗床湿润，每天进行观察，记录种子发芽数。其结果见正交实验，如表 5.11 所示。

表 5.11　超声波处理滇重楼种子后发芽率的正交试验

试验号	温度	超声波处理时间	超声波功率	发芽率 (%)
1	1(30℃)	1(10 min)	1(80 W)	9
2	1	2(20 min)	2(120 W)	6
3	1	3(30 min)	3(160 W)	12
4	1	4(40 min)	4(200 W)	15
5	2(40℃)	1	2	8
6	2	2	3	8
7	2	3	4	12
8	2	4	1	9
9	3(50℃)	1	3	9
10	3	2	4	10
11	3	3	1	12
12	3	4	2	15
13	4(60℃)	1	4	12
14	4	2	1	8
15	4	3	2	9
16	4	4	3	12

由表 5.11 正交试验看出，超声波明显促进了滇重楼种子的萌发，其发芽率从处理前的 5% 升高到处理后的 15%。说明超声波处理技术可增强种子的活力，促进种子的萌发，加快萌发速度，缩短萌发时间，为解决滇重楼种子繁殖缓慢、种苗抚育管理以及种群生态恢复等问题提供了研究基础，为云南人工栽培滇重楼的规范化种植提供了依据。

5.3.3 人参

人参为五加科植物人参的干燥根和根茎。其种子具有双重休眠的特点，必须经过一定时间的形态后熟与生理后熟才能打破种子休眠，使种子萌发。孙立军等[10]为了给人参种子寻找适宜的现代处理方法，以打破种子休眠，提高种子的萌发能力，利用频率 50 kHz 的不同超声功率的超声波对人参种子在不同温度下进行不同时间处理。方法是将种子在常温水中浸泡 24 h(水温 20 ～ 30℃)，然后置于超声波处理槽中，处理时水温控制在不同温度（30、40、50℃）下，用不同超声功率（350、450、550 W）各处理不同时间（10、20、30 min）。超声波处理后的种子进行层积处理，以观察、调查种子的裂口及种子胚长情况。因为人参种子的裂口率影响着种子出苗率，裂口率越高，种子的出苗率也越高，所以统计人参种子的裂口率，来了解种子的出苗率。当温度 50℃、处理时间 30 min 时，人参种子裂口率为 90%，比对照高 13%；当功率 550 W 时，人参种子裂口率为95%，高于对照 18%。因为人参种子在萌发过程中，胚的大小影响着苗的长势，胚的长度越长，将来的苗的长势和胚芽发育也会更好，所以统计人参种子的胚长。当温度为 30℃时，胚率是 66.6%，高于对照 6.0%；时间为 20 min 时，胚率是 65.3%，高于对照 4.7%。由此看出超声波处理人参种子会影响种子的裂口率和种子胚长，这为生产上采用超声波处理人参种子提供了理论依据。

5.3.4 黄精

黄精为百合科多年生草本药用植物，药理研究证明黄精有提高免疫力等作用，且在研制新药和开发保健品方面具有广阔的发展前景，市场需求量逐年增大。因黄精无性繁殖消耗大量的药材，且会导致种质退化，病虫害增加，不利于黄精产业的持续发展。王剑龙等 [11] 为了打破黄精种子深度休眠，促进种子萌发、提高种子的发芽率等指标，利用频率为 50 kHz 的超声波对黄精种子进行处理。方法是将黄精种子经 40℃温水浸种 12 h 后，用 3% 过氧化氢消毒 15 min，再经蒸馏水冲洗后放于超声波水槽（温度为 30℃）中，分别处理 0、5、10、15、20、25 min，每 50 粒为一皿，3 个重复，在25℃条件下暗培养。经统计，结果如图 5.9、图 5.10 所示。

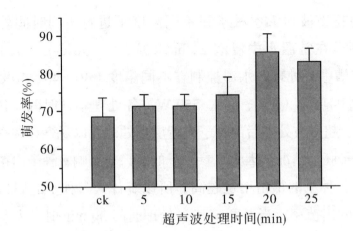

图 5.9　超声波处理后黄精种子萌发率

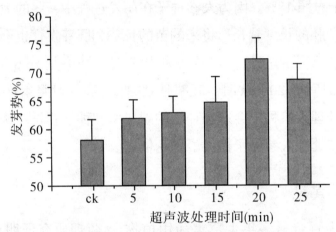

图 5.10　超声波处理后黄精种子发芽势

　　由图 5.9、图 5.10 看出，用超声波处理黄精种子，对黄精种子萌发率、发芽势都具有一定影响，总趋势表现为在一定时间范围内随着超声波处理时间延长，黄精种子萌发率和发芽势都有所增高，尤以超声波处理 20 min 时达到最大值，萌发率为 85.71%，发芽势为 72.38%。试验证实：适当条件下的超声波处理黄精植物种子技术，可以提高种子的发芽率，促进种子萌发，提高种子活力，增加种子的抗逆能力及产量。这对解除黄精种子深度休眠，突破黄精有性繁殖障碍并大面积规范化种植具有非常重要的意义。

5.3.5　桔梗

桔梗是桔梗科多年生草本植物，为常用短缺中药材，主治上呼吸道急慢性炎症。过去靠野生药源，随着医疗卫生事业的发展，需要量急剧增加。因年产量仅为需要量的 14%，供求矛盾极大，为了医疗需求，秦官属等[7, 12-15]在总结过去栽培经验的基础上，进行了野生家种的研究。利用超声波处理种子技术对桔梗种子进行处理后，种植于田间，通过多年试验繁殖栽培，取得了显著的效果。经超声处理 13 min 的桔梗种子，其发芽率比对照高 118.6%，且当年能开花结果，种子产量也比对照高 44.6% ～ 58.9%，根产量高 2.2 ～ 2.7 倍，同时在生长期对幼苗的生长有促进作用，如图 5.11 所示。图中左为对照植株，是未经超声处理的桔梗种子种植一年，选取大田中生长最大的一株幼苗；右为经超声波（250 W，20 kHz）处理 17.5 min 的桔梗种子种植一年，选取大田中长势中等植株内的且当年开花的一株幼苗。经西安植物园植化组分析，用超声波处理桔梗种子后，种植的桔梗所收获的根的化学成分与野生桔梗根相同。为药材野生变家种的大面积种植推广提供了理论依据。

图 5.11　经超声处理桔梗种子后幼苗生长情况

5.3.6　丹参

丹参以根入药，有活血化瘀、凉血消痈、除烦安神、调经止痛等功能，对治疗冠心病、慢性肝炎等疾病有良好的效果。丹参种子在自然条件下萌发率低，一般只有 30% ～ 40%，而且出苗不齐，完成整个萌发过程需要 10 ～ 14 d，加之种子不耐贮藏，给人工栽培带来一定困难。在 20 世纪，秦官属等[16]利用超声波处理种子技术对丹参种子进行处理并种植于田间，进行了野生家种的研究。通过多年试验繁殖栽培，取得了显著的效果，得出经超声处理 30 min 的丹参种子种植后，发芽率可提高 1 ～ 3 倍，发芽期缩短 1 倍以上，根产量提高 47.7% ～ 201.7%，同时对幼苗的生长也有所促进的结论，如图 5.12 所示。图中丹参幼苗是选取试验育苗地中种后生长一年的植株，对照选取幼苗长势最大的两株；经超声处理 30、50 min 的丹参种子，选取幼苗中长势中等的两株。可看出以超声处理 50 min 的丹参种子，生长势头最好。可看出超声波处理种子技术为人工大面积种植药材提供了有利条件。

图 5.12　经超声处理丹参种子后幼苗生长情况

孙群等[17]为了系统研究丹参种子的吸水规律及贮藏时间对萌发率的影响，利用频率为 40 kHz 的超声波对丹参种子进行了处理。方法是将干燥种子 200 粒，称取干重后，装入尼龙纱网中，分别经蒸馏水浸种 24 h 和超声波处理 60 min、预冷处理 48 h 等方法处理后，以自来水浸种为对照，称其重量，用重量法测定种子吸水量，并在发芽床上培养，统计发芽率，计算发芽势、活力指数。结果如表 5.12、表 5.13 所示。

表 5.12　不同种子处理方法对丹参种子发芽的影响 (25℃)

处理方法	发芽势 (%)	发芽率 (%)	相对活力指数
蒸馏水	68.7 ± 6.3	75.0 ± 8.0	1.00 ± 0.04
超声波	68.0 ± 3.5	71.0 ± 4.0	0.90 ± 0.04
预冷处理	65.7 ± 1.2	80.3 ± 1.7	1.34 ± 0.10

表 5.13   几种处理方法对丹参陈种子的发芽效果 (25℃，发芽率 %)

项目	对照	超声波处理	预先冷冻
新鲜种子	75.0 ± 8.0	71.0 ± 4.0	80.3 ± 1.7
贮藏 1 年的种子	33.2 ± 3.3	49.5 ± 4.3	37.0 ± 2.5

由表 5.12、表 5.13 看出，超声波处理丹参种子和蒸馏水浸种相比，新种子发芽率、发芽势略低，但超声波处理贮藏 1 年以内的陈种子，可以提高种子的发芽率。在缺少新鲜种子的情况下，以超声波处理技术作为缺少种源时的补救措施，来补助丹参种子的不足。这个试验为丹参规范化栽培提供了理论依据和技术参考。

5.3.7 柴胡

柴胡为伞形科柴胡属多年生草本药用植物，具有解表和里、疏肝解郁等功能，主治感冒发热、寒热往来、胸胁胀痛、疟疾等症，以根入药，是多种中成药的原料。柴胡用量较大，人们常年乱采滥挖，柴胡野生资源已濒于枯竭，特别是适宜柴胡生长的草原，其生态植被遭到十分严重的毁坏。所以，为了保护生态环境，发展中药事业，挽救柴胡资源，董汇泽等[18]进行野生家种的有性繁殖，发展人工种植。为了加速柴胡种子萌发，利用功率 50W、频率为 40 kHz 的超声波对野生柴胡种子进行处理。方法是将野生柴胡种子用纱布包成小包，用温水预浸 2 h，放于超声波水槽中对柴胡种子分别处理 5、10、15、20、25、30、35、40、45、50、55 min 及不进行超声波处理为对照。取出后，将处理过的种子，包括对照种子，置入 0.002% 赤霉素和 0.01% 高锰酸钾混合溶液中浸种处理 24 h，然后将柴胡种子放在有滤纸的平皿中，置于室温房间中进行培养。从第 14 d 起逐日记录统计，结果经超声波处理 25 min 的种子发芽势和发芽率最高，分别为 13.33%、88.99%，比对照分别提高 11.11%、44.45%，种子的简化活力指数为122.67，比对照高出 98.23。表明超声波处理对种子的萌发具有一定的促进作用，处理时间在 15 ～ 35 min 范围内均有效果。

5.3.8 当归

当归为伞形科，属多年生草本药用植物，在中国的栽培历史悠久，是甘肃特产药材，而甘肃岷县的当归品质最好，占全国年产量的 90%以上。当归种子萌发率低，幼苗生长缓慢，难以储存，是实际种植中的不利因素。李刚等[19] 针对生产中的实际问题，利用常温下储存 8 个月的当归种子为材料，探讨超声波对当归种子处理后的萌发效果。方法是将干燥当归种子在常温下浸泡 24 h，放入频率为 40 kHz 的超声波清洗器水槽中用不同超声功率（200、300、400、500 W），在不同温度（40、50、60、70℃）下处理不同时间（10、20、30、40 min）。处理好的种子放在两层滤纸培养皿苗床的光照培养箱中萌发，24 h 后开始记录萌发数，每 12 h 记录一次。经统计，结果见表 5.14。

表 5.14　超声波对当归种子萌发率的正交实验结果

实验号	因素			萌发率 (%)	萌发指数
	处理时间	温度	超声波强度		
T1	1(10 min)	1(40℃)	1(200 W)	53.33	892.00
T2	1	2(50℃)	2(300 W)	30.67	759.33
T3	1	3(60℃)	3(400 W)	0	0
T4	1	4(70℃)	4(500 W)	0	0
T5	2(20 min)	1	2	28.00	717.33
T6	2	2	3	20.00	340.00
T7	2	3	4	0	0
T8	2	4	1	0	0
T9	3(30 min)	1	3	16.00	258.67
T10	3	2	4	10.67	81.33
T11	3	3	1	0	0
T12	3	4	2	0	0
T13	4(40 min)	1	4	25.33	524.00
T14	4	2	1	33.33	670.67
T15	4	3	2	0	0
T16	4	4	3	0	0

由表 5.14 看出，当归种子经超声波处理后，能够促进种子萌发，显著提高种子的活力。超声波处理时间在 10 ～ 15 min，温度 40℃，超声波功率为 200 ～ 300 W，该组合处理后的种子萌发率为各组最高，萌发指数也有明显提高。以 200 W 超声波处理 10 min 即可明显增加种子活力，提高当归种子的萌发率。

5.3.9 锁阳

锁阳为锁阳科锁阳属的单科单属单种植物，又名铁棒槌、锈铁棒、地毛球等，多寄生于蒺藜科白刺属植物的根部，为专一性全寄生种子植物，性温，味甘，具补肾阳、益精血、润肠通便之功效。此外，锁阳富含鞣质，可提炼烤胶，含淀粉高达 32%，可用于酿酒及加工饲料；还含多种化学成分及营养成分，人畜均可食用。因锁阳被人们过度采挖，野生资源趋于枯竭，加之锁阳寄主白刺根部，而种子接触机会很少，且种子萌发困难、生长周期较长，造成人工栽培锁阳尚未形成规模。所以，为了挽救锁阳资源，发展人工种植，武睿等[20]利用超声波清洗机对野生锁阳种子进行处理。方法是：选取大小和饱满度基本一致的层积沙藏种子，用 45℃温水浸泡 12 h，揉搓去除黏膜，于超声波清洗器水槽中处理，采用不同频率（60、80、100 kHz）的超声波各处理不同时间（0、10、20、30、40、50、60 min），然后将经过超声波处理后的锁阳种子用汞消毒，再用无菌水涮洗，用灭过菌的滤纸吸干水分，置于有两层灭菌滤纸的高压苗床上的灭菌培养皿中，用黑色塑料袋包住，置人工气候箱中于黑暗条件下萌发，定期补充水分，使培养皿内保持湿润。在种子萌发、发芽后进行计数，计算发芽势，统计发芽率。结果表明，锁阳种子经超声波处理后，其发芽率、发芽势和发芽指数均明显高于未被超声波处理的种子。其中以频率 60 kHz 的超声波处理 50 min 效果最好，其发芽率、发芽势、发芽指数较未被超声波处理分别提高 1 604.51%、208.33% 和 37.18%，均达极显著差异水平。

本试验通过超声波处理锁阳种子，研究了超声波对种子萌发特性的影响，以期促进锁阳种子发芽，为锁阳的人工栽培技术提供理论依据。

5.3.10 绞股蓝

绞股蓝为葫芦科绞股蓝属多年生草质藤本植物，具有扶正固本、增强体质、抗疲劳、抗溃疡、降血压、降血脂、抗癌、治疗脱发、滋润皮肤、美容减肥等多种功能，在我国分布广泛，野生资源丰富。从20世纪80年代开始，我国各地已引种栽培成功，并开发出系列产品。赵瑜等[21]为提高绞股蓝种子萌发，利用超声波对优良栽培种七叶绞股蓝种子进行处理。方法是：挑选籽粒饱满的绞股蓝种子在20℃水中浸泡8 h，浸种用水量为种子体积的3倍，后用频率为27 kHz的超声波分别处理10、20、30、40 min，处理后的绞股蓝种子均匀置于有两层滤纸的培养皿中，上铺两层纱布，放于恒温恒湿培养箱中，在25℃黑暗条件下进行培养。每2 d洗种一次，记录发芽数，经统计，结果见表5.15。

表 5.15 超声处理对绞股蓝种子萌发及幼苗生长的影响

超声处理 (min)	发芽势 (%)	发芽率 (%)	下胚轴长 (cm)	根长 (cm)
10	48.2**	54.6**	2.30 ± 0.19	1.79 ± 0.11
20	42.2**	48.6**	2.36 ± 0.11	1.67 ± 0.14
30	27.0**	29.6**	1.20 ± 0.06**	0.88 ± 0.10**
40	26.4**	28.3**	0.74 ± 0.07**	0.76 ± 0.12**
CK	18.0	21.0	2.51 ± 0.15	1.56 ± 0.11

与对照组比：**$P < 0.01$，下同

由表5.15看出，超声波处理后能够比较显著促进绞股蓝种子萌发，种子发芽率均高于对照组，以超声波处理10 min时，种子发芽势和发芽率达到峰值，分别比对照组高30.2%和33.6%。超声时间与种子根长及下胚轴长基本呈负相关，随着超声波处理时间延长，幼苗长势变差，处理40 min组下胚轴和根长都最短。这为绞股蓝规范化栽培提供了理论依据和技术参考。

5.3.11　白头翁

朝鲜白头翁是毛茛科植物，其干燥根可以入药，具有清热解毒、凉血止痢的功效，近年研究发现朝鲜白头翁治疗老年痴呆效果显著。随着研究和开发的深入，采收野生资源已不能满足市场需求，加之种子发芽时易霉烂，萌发困难，出苗率低，且不整齐，因而，进行产业化人工种植势在必行。李海燕等[22]为了提高朝鲜白头翁种子发芽率，利用超声波对朝鲜白头翁种子进行处理。方法是将供试的朝鲜白头翁种子用蒸馏水浸种 4 h 后，放于不同功率的超声波清洗器水槽中，在不同温度下处理不同时间，然后将种子均匀置于垫有双层湿润滤纸的培养皿和沙盘中，保持滤纸和沙床湿润，室温条件下培养。每 24 h 统计 1 次种子发芽数和出苗数，直至萌发稳定。统计结果见表 5.16。

表 5.16　超声波处理对朝鲜白头翁种子萌发的影响

序号	温度	处理时间	超声功率	发芽率 (%)	发芽势 (%)	发芽指数	出苗率
1	1(30℃)	1(10 min)	1(40 W)	55.00 ± 3.01	55.00 ± 3.01	6.12 ± 0.03	39.00 ± 1.152
2	1	2(20 min)	2(60 W)	55.33 ± 2.03	55.33 ± 2.03	6.31 ± 0.13	40.67 ± 2.40
3	1	3(30 min)	3(80 W)	54.33 ± 1.86	54.33 ± 1.86	5.39 ± 0.19	44.00 ± 3.24
4	(40℃)	1	2	55.00 ± 4.36	55.00 ± 4.36	5.67 ± 0.35	44.67 ± 2.85
5	2	2	3	61.00 ± 2.52	61.00 ± 2.52	6.11 ± 0.32	55.67 ± 2.37
6	2	3	1	55.67 ± 2.33	55.67 ± 1.33	5.80 ± 0.04	46.33 ± 1.86
7	(50℃)	1	3	55.33 ± 1.06	55.33 ± 2.06	5.65 ± 0.35	42.67 ± 2.84
8	3	2	1	42.67 ± 3.06	42.67 ± 4.06	4.31 ± 0.39	36.67 ± 1.76
9	3	3	2	41.33 ± 2.70	41.33 ± 5.70	4.08 ± 0.14	29.67 ± 1.45
CK				31.33 ± 2.40	28.67 ± 2.40	1.83 ± 0.63	25.67 ± 2.85

由表 5.16 看出，超声波处理能够比较显著地促进朝鲜白头翁种子萌发，种子发芽率等指标均高于对照，以在 40℃条件下 80 W 超声波处理 20 min，萌发出苗效果最好，即可明显提高发芽率和出苗率。这为朝鲜白头翁规范化栽培提供了理论依据和技术参考。

5.3.12 抱茎獐牙菜

抱茎獐牙菜又名藏茵陈，为龙胆科獐牙菜属二年生多分支草本植物，主要生长于青藏高原。其性寒、味苦，具有清热消炎、舒肝利胆的功能，是治疗肝炎的有效药物，十分珍贵。现有药材来源以野生为主，由于人们的无序与过度采挖，野生资源已趋于枯竭。加之抱茎獐牙菜种籽粒小、发芽困难，播种后出苗率较低且又不整齐，解决该问题已成为人工引种栽培抱茎獐牙菜的关键技术环节。张卫华等[23]为了提高抱茎獐牙菜种子发芽率，利用功率为 50 W、频率为 40 kHz 的超声波对抱茎獐牙菜种子进行处理。方法是：先将种子漂洗，在清水中预浸 2 h，然后用三层纱布打包，超声波预处理5 min，去掉吸附在种子上的小气泡；再将抱茎獐牙菜种子放于超声波水槽中分别处理 10、20、30、35、40、50 min，取出后将种子放在平均室温约 20℃的培养皿中，室内发芽培养，发芽后进行统计。结果见表 5.17。

表 5.17　超声波作用时间对抱茎獐牙菜种子萌发的影响

处理编号	超声时间 (min)	平均发芽势 (%)	平均发芽率 (%)
1	CK	7.7d	74.4c
2	10	9.1cd	76.1c
3	20	10.3bc	82.1b
4	30	16.2a	83.8b
5	35	18.9a	90.5a
6	40	12.1b	81.7b
7	50	11.8b	81.7b

注：小字母表示在 0.05 水平上的差异显著性

由表 5.17 看出，不同的超声波处理时间都能促进抱茎獐牙菜种子萌发，种子发芽率等指标均高于对照。其中以超声波处理 35 min 效果较好，种子的发芽势和发芽率比对照提高 59.3% 和 17.8%。该研究表明超声波处理能明显促进抱茎獐牙菜种子的萌发能力，为抱茎獐牙菜的 GAP 规范化生产提供了理论依据。

5.3.13 大黄

大黄为蓼科多年生草本植物的干燥根和根茎，有掌叶大黄、唐古特大黄或药用大黄，都是被《中国药典》规定为中药大黄的原植物，具有泻下攻积、清热泻火、凉血解毒、逐瘀通经、利湿退黄的功效。是大黄清胃丸、牛黄上清丸等几十种中成药、食品饮料等的重要原料，国内外的需求量逐年增长。因大黄药材来源以野生为主，由于过度采挖，野生资源已逐渐趋于枯竭，已远远不能满足市场的需求。

掌叶大黄是大黄的一种，因人工种植在栽培中存在种子退化、出苗率低且不整齐等问题，周浓等[24]利用频率为 40 kHz 的超声波对掌叶大黄种子进行处理。方法是选取籽粒饱满、质地均匀、无病虫害的掌叶大黄种子，先用蒸馏水洗净，再用 10% 次氯酸钠溶液浸泡 15 min 进行消毒，后用蒸馏水冲洗干净，常温浸泡 24 h 使种子充分吸水后，用纱布打包，放入温度波动在 3℃ 之内的超声波清洗器水槽中，在不同温度、不同超声波功率下处理不同时间后，再将有掌叶大黄种子的双层滤纸培养皿，放在振荡培养箱中暗培养，添加蒸馏水保持苗床湿润，使种子萌发，每天进行观察，记录种子萌发数。结果见表 5.18。

实验结果表明，适当的超声波处理明显促进了掌叶大黄种子的萌发，增强了种子的活力，数据均显著高于对照。其中在 40℃ 温度下，以 160W 的超声波处理 30 min 效果最为明显，种子的发芽势和发芽率分别为 57.89%、77.38%，均比对照高出 2.9 倍；种子的发芽指数和简化活力指数分别为 33.56 和 99.82，分别比对照高出 3.2 和 2.7 倍，均达极显著差异水平。

表 5.18 超声波对掌叶大黄发芽率和发芽指数的正交实验结果

试验号	时间	温度	超声波强度	发芽率(%)	发芽指数(%)	发芽势(%)	活力指数
1	1(10 min)	1(40℃)	1(80 W)	46.51**	18.13	27.17	60.93
2	1	2(50℃)	2(120 W)	59.06**	25.41	38.34	72.64
3	1	3(60℃)	3(160 W)	0	0		
4	1	4(70℃)	4(200 W)	0	0		
5	2(20 min)	1	2	58.96**	22.97	47.11	80.76
6	2	2	1	55.36**	25.08	35.16	77.50
7	2	3	4	0	0		
8	2	4	3	0	0		
9	3(30 min)	1	3	77.38**	33.56	57.89	99.82
10	3	2	4	49.20**	18.76	37.52	64.45
11	3	3	1	0	0		
12	3	4	2	0	0		
13	4(40 min)	1	4	42.27**	18.045	29.85	55.80
14	4	2	3	44.33**	18.558	20.58	50.54
15	4	3	2	0	0		
16	4	4	1	0	0		
17	CK			26.67	10.46	20.00	36.0

　　该研究表明超声波处理掌叶大黄种子的方法操作简便,成本低廉,但能否作为一种有效的增产措施在中药材实际生产中被推广应用,还有待进一步深入研究,以便为超声的应用打下坚实的基础。

　　唐古特大黄又名鸡爪大黄,也是大黄的一种,为高大的草本植物,因野生资源枯竭,进行人工栽培研究具有重大的生态价值和经济价值。杨君丽等[25]为了提高唐古特大黄种子活力、促进种子萌发及幼苗生长,增加种子的抗逆能力及产量,进行野生家种人工栽培研究,利用功率为 50 W,频率为 40 kHz 的超声波对唐古特大黄种子进行处理。方法是选取唐古特大黄种子,设 6 个组,每组 50 粒,置于超声波清洗机水槽中分别处理 0(CK)、20、30、40、50、60 min。取出后放于铺有滤纸的平皿中，在室内室温下培养。第 4 d 测定种子的发芽数，计算其发芽势；第 10 d 测定种子的发芽率和平均根长，计算种子简化活力指数。结果见表 5.19。

表 5.19　超声波处理唐古特大黄种子试验结果

超声波处理时间 (min)	0	20	30	40	50	60
发芽势 (%)	40	44	48	48	56	53
发芽率 (%)	75	81	94	90	86	86
平均根长 (cm)	4.0	4.5	4.6	4.4	4.3	4.2
活力指数	300.0	364.5	432.4	396.0	369.8	361.2
比对照	0	+64.5	+132.4	+96.0	+69.8	+61.2

由表 5.19 看出，唐古特大黄种子经频率 40 kHz、功率 50 W 的超声波处理 20 ～ 60 min 对种子的萌发能力都有一定的促进作用，其中以超声波处理 30 min 效果最为明显：唐古特大黄种子的发芽率和发芽势分别为 94%、48%，比对照高出 19% 和 8%；平均根长为 4.6 cm，比对照长出 0.6 cm；简化活力指数为 432.4，比对照高出 132.4。该研究证明超声波处理唐古特大黄种子能促进种子的萌发，提高种子活力，为唐古特大黄的人工栽培与规范化生产提供了理论依据。

5.3.14　薄荷

薄荷为唇形科薄荷属多年生草本植物，生长于地上部分为常用中药材，具有宣散风热、清头目、透疹之功效，用于治疗风热感冒、头痛、口疮、麻疹等症。因薄荷是异花授粉植物，授粉后受精时间较长，致使种子发育不同步，造成后期种子发育不完全或不能正常成熟，种子寿命较短且存在休眠现象，因而，薄荷种子萌发率较低，出苗也不整齐，给薄荷的有性繁殖和杂交育种带来了障碍。房海灵等[26] 为了打破薄荷种子休眠，促进种子萌发，利用超声波对薄荷种子进行处理。方法是：将薄荷种子用纱布包成小袋，放于功率为 50W、频率为 40 kHz 的超声波水槽中分别处理 5、10、15、20、25 min，取出后置于垫三层滤纸的培养皿中，放于光照培养箱中萌发；每天加水，保持温度和湿度，第 10 d 统计发芽率、计算发芽势。经统计分析，结果如表 5.20 所示。

表 5.20　超声波处理不同时间对薄荷种子萌发的影响

处理时间 (min)	发芽启动时间 (d)	发芽持续时间 (d)	发芽率 (%)	发芽势 (%)
CK	9abA	3aA	22.5 ± 1.55fE	12.4 ± 2.84eD
5	9abA	5aA	31.1 ± 1.75dD	18.3 ± 2.38dC
10	6bA	3aA	68.3 ± 3.55aA	68.3 ± 3.55aA
15	8abA	4aA	47.7 ± 1.04bB	29.6 ± 1.15bB
20	9abA	4aA	34.4 ± 1.92cC	27.0 ± 0.78cB
25	10aA	3aA	23.8 ± 2.70eE	0.0 ± 0.00fE

注：同列中不同的大写和小写字母分别表示在 0.01 和 0.5 水平上差异显著

由表 5.20 看出，薄荷种子经频率 40 kHz、功率 50 W 的超声波处理 20 min 以内可以极显著提高薄荷种子的发芽率和发芽势（$P < 0.01$），但对发芽启动时间和发芽持续时间的影响不显著。其中以超声波处理 10 min 的薄荷种子发芽率和发芽势最高，均为 68.3%，分别较对照高 45.8% 和 55.9%，发芽启动时间也较对照提前了 3 d。该研究通过比较分析，筛选出了超声波处理薄荷种子、打破薄荷种子休眠的最佳处理方法，提高了薄荷种子的萌发率，并为薄荷的有性繁殖和杂交育种提供帮助。

5.3.15　灰毡毛忍冬

灰毡毛忍冬为忍冬科忍冬属植物，为山银花项下的一个品种，传统也称金银花。自古以来，山银花就以药用而著名，其性寒味甘，具有清热解毒、凉血止痢之功效；主治外感风热、热毒泻痢、疮疡痈毒、红肿热痛等症，是我国南方的主要栽培品种。其具有产量高、绿原酸含量高、产值高的特点，也是银翘解毒丸（片）、VC 银翘片等多数中成药的原材料。灰毡毛忍冬药材在市场上供不应求，因此进行优化灰毡毛忍冬的种子有性繁殖和栽培技术，提高灰毡毛忍冬的产量势在必行。李静等[27]为了进行灰毡毛忍冬种子的有性繁殖，利用超声波对灰毡毛忍冬种子进行处理。方法是：选取籽粒饱满、质地均匀、无病虫害的灰毡毛忍冬种子用清水浸泡 24 h，让种子充分吸收水分后，用多菌灵浸泡进行消毒，再用无菌水冲洗后备用；再将备用的灰毡毛忍冬种子，置于装有适量无菌水（经烧开杀菌后的冷水）的烧杯中，放入在不同温度、不同功率的超声波清洗器水槽中处理不同时间，取出后置于以双层滤纸为基质的人工气候箱中进行种子萌发试验，每天浇适当的水并观察记录灰毡毛忍冬种子的萌发情况。结果如表 5.21 所示。

表 5.21　超声波处理对灰毡毛忍冬种子萌发的影响

序号	处理时间	温度	超声功率	空白	发芽率 (%)	发芽势 (%)
1	1(10 min)	1(30℃)	1(30 W)	1	20.00	8.88
2	1	2(40℃)	2(40 W)	2	22.22	8.88
3	1	3(50℃)	3(50 W)	3	18.88	1.11
4	2(20 min)	1	2	3	24.44	12.22
5	2	2	3	1	17.77	5.55
6	2	3	1	2	13.33	5.55
7	3(30 min)	1	3	2	15.55	7.77
8	3	2	1	3	23.33	7.77
9	3	3	1	1	11.11	3.33

表 5.21 表明，超声波处理灰毡毛忍冬种子，可以提高灰毡毛忍冬种子的发芽势和发芽率，正交试验发现 20 min、30℃、40 W 的超声波处理条件最适宜于灰毡毛忍冬种子的萌发。超声波处理可以打破灰毡毛忍冬种子的休眠，提高其发芽势和发芽率，为提高灰毡毛

忍冬的产量和质量提供前期基础。

5.3.16 波棱瓜

波棱瓜为葫芦科波棱瓜属植物，分布于中国青藏高原东部的四川、云南、西藏等地。波棱瓜种子具有清胆热、泻肝火、清热解毒的功效，用于治疗肝胆及消化病，是藏医常用药。近些年来，中医药、藏医药飞速发展，波棱瓜在中医临床、保健食品等方面具有开发价值，致使波棱瓜种子的用量日益增加。因波棱瓜发芽率极低，使其人工栽培困难，自然条件下生长远不能满足市场需求。为了保护资源，打破种子休眠，提高种子活力，孙宁阳等[28]利用超声波及各种处理方法对波棱瓜种子进行预处理，以探讨不同预处理对波棱瓜种子萌发的影响。方法是：选取饱满的波棱瓜种子，放于盛有蒸馏水的烧杯中，将杯置于频率为 40 kHz 的超声波清洗机的水槽处理 60 min，处理后用清水冲洗；然后把超声波处理后和各种不同预处理后的种子分别放入铺有双层滤纸的培养皿中，加蒸馏水置于培养箱内，进行萌发试验，每天定时统计萌发数。经统计分析，结果如图 5.13所示。

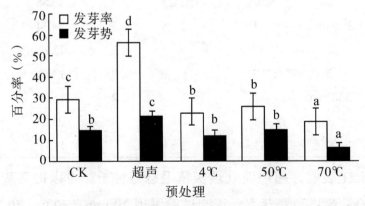

图中小字母表示发芽率和发芽势的差异显著性

图 5.13 超声波、低温和热水三种预处理对波棱瓜种子的影响

图 5.13 表明，波棱瓜种子经超声波、低温和热水三种预处理后，发芽率和发芽势都有不同的变化，但以频率为 40 kHz 的超声波处理波棱瓜种子 60 min 后，波棱瓜种子萌发效果最好，发芽率为 62.5%。从实验看出超声波处理种子技术可以提升波棱瓜种子的萌发力，为进行波棱瓜人工栽培提供了依据。

通过以上超声波处理中草药种子进行人工种植的实际例子看出，利用超声波处理中草药植物种子，不但能提高药材种子发芽率，缩短种子发芽期，加速药材植株生长，而且能促进药材的药用部分的品质提升，提高根产量，增加药农的经济收益。超声波为中草药材的野生变家种提供了一种种植新技术。

参 考 文 献

[1] 郭孝武. 在药用植物种植栽培中超声波的作用 [M]// 中国改革撷英. 北京，中国教育科学出版社，2001：536–538.

[2] 秦淑英，唐秀光，王文全，等. 药用植物种子处理研究概况 [J]. 种子，2001(2)：37–39.

[3] 郭孝武. 超声技术在药用植物种植栽培中的应用 [J]. 世界科学技术，2000，2(2)：24–26.

[4] 郭孝武. 超声波对白术幼苗生长的影响 [J]. 植物生理学通讯，1990，26(3)：34–35.

[5] 郭孝武. 超声波对白术块根生长和产量的影响 [J]. 植物生理学通讯，1997，33(1)：55.

[6] 叶方，程镇，杨光义，等. 重楼植物的栽培技术研究进展 [J]. 中南药学，2015，13(11)：1186–1189.

[7] 西安植物园中草药组，陕西师大应用声学所. 新技术在中草药栽培中的应用——超声提高"七叶一枝花"和"桔梗"发芽率 [J]. 生物化学与生物物理进展，1976(4)：31–35.

[8] 郭孝武.超声技术在农业中应用研究的现状及发展趋势 [J]// 前进的中国——中国理论发展研究与实践特辑.中国人事出版社，2004：265-267.

[9] 周浓，李自勤，姜北，等.超声波对滇重楼种子萌发能力的影响 [J]. 湖北农业科学，2012，51(1)：114-116.

[10] 孙立军，徐彤，任跃英，等.超声处理对人参种子萌发以及 SOD、POD 的影响 [J]. 中国现代中药，2012，14(1)：24-28.

[11] 王剑龙，常晖，周仔莉，等.超声波对黄精种子萌发及萌发生理影响 [J]. 种子，2014，33(1)：30-33.

[12] 秦官属.桔梗野生家种的研究 [J]. 陕西省商洛地区科技成果选编，1980：13-15.

[13] 西安植物园中草药研究组，等.新技术在中草药栽培中的应用[J].生物化学与生物物理进展，1976(1).

[14] 秦官属.桔梗野生家种的研究 [J]. 陕西省商洛地区科技成果选编，1980：13-15.

[15] 秦官属.超声在中草药栽培中的应用 [J]. 商洛科技，1987(1)：9-15.

[16] 西安植物园中草药组.丹参栽培技术 [J]. 商洛科技，1997(1)：16-18.

[17] 孙群，刘文婷，梁宗锁，等.丹参种子的吸水特性及发芽条件研究 [J]. 西北植物学报，2003，23(9)：1518-1521.

[18] 董汇泽，杨君丽，张生菊.超声波对野生柴胡种子萌发及活力的影响 [J]. 中国种业，2005(12)：46-47.

[19] 李刚，王乃亮，罗娘娇，等.超声波处理对当归种子萌发及活力的影响 [J]. 西北师范大学学报 (自然科学版)，2007，43(3)：75-77.

[20] 武睿，郭晔红，萧明明，等.超声波处理对锁阳种子萌发特性影响研究 [J]. 甘肃农业大学学报，2010，45(6)：84-87.

[21] 赵瑜，肖娅萍.不同处理对绞股蓝种子萌发的影响 [J]. 中草药，2007，38(11)：1723-1725.

[22] 李海燕，朴钟云.不同处理对朝鲜白头翁种子萌发的影响 [J]. 西北农业学报，2010，19(8)：175-179，184.

[23] 张卫华，董汇泽.超声波处理抱茎獐牙菜种子萌发试验研究 [J]. 青海大学学

报（自然科学版），2009，27(2)：57–59.

[24] 周浓，胡廷章，肖国生，等. 超声波处理对掌叶大黄种子萌发特性的影响 [J].
西南农业学报，2012，25(6)：2279–2283.

[25] 杨君丽，阿继凯，董汇泽. 三种处理对唐古特大黄种子萌发能力的影响 [J].
中国种业，2008(8)：53–54.

[26] 房海灵，李维林，梁呈元. 不同前处理条件对薄荷种子萌发的影响 [J]. 植物
资源与环境学报，2009，18(4)：53–57.

[27] 李静，谢国访，周改莲. 超声波对灰毡毛忍冬种子萌发能力的影响 [J]. 广西
农学报，2014，29(5)：14–17.

[28] 孙宁阳，张宏川，王蕾，等. 不同处理对藏药波棱瓜种子萌发的影响 [J]. 江
苏农业科学，2017，45(7)：143–145.

5.4 超声波处理经济作物种子新技术的应用

经济作物是农民日常生活中作为经济来源而种植的作物，又称技术作物、工业原料作物，指具有某种特定经济用途的农作物，也是可用于副食品的植物，是人类获取各种人体所需的活性成分和经济来源的各种草、禾本植物，包括油菜、向日葵、烤烟等，在我国城乡居民生活和膳食结构中具有非常重要的地位，不但能为人体提供营养成分，还能提供食用物质和一定的经济效益，以提高人们生活水平。因而，近年来经济作物的种植在我国迅速发展起来。生存得以满足，使得农民义利观发生了变化，由生存理性向经济理性转变；为追求家庭收入最大化，由粮食作物种植向经济作物种植发展。所以，经济作物的种植成为农户用于获取经济收入的重要途径。随着经济作物种植的发展，运用超声波处理种子新技术，在各地区成为促进农民增收、农村发展的一种增加经济效益的方式。

我国在 20 世纪就开始利用超声波处理经济作物种子，处理后优化了植物性状，提高了种子的发芽率，促进了幼苗的生长，为种植

经济作物提供良好的生长条件，促进经济作物的生长发育。下面介绍超声波处理植物种子新技术在经济作物的植物种子种植中的广泛应用。

5.4.1 烤烟

烤烟是烟草品种之一，为茄科烟草属单叶互生的直立草本植物，原产南美洲，后广植于全世界温带和热带地区。其叶为香烟的原料，全株亦可作农业杀虫药，是我国重要经济作物之一。其品质的好坏，影响卷烟工业的发展和消费者的需求，因此，提高烤烟品质对社会主义经济建设和人民生活水平的提高具有重要意义。优良品种是烤烟生产发展的重要基础，种植优良品种是使优质烟叶增产、增质的最经济有效的措施。但品种混杂、退化是烤烟生产中的一个重要问题，为了防止混杂、退化，提高种性，充分发挥烟叶的增产潜力，获取大面积优质适产，就需要繁殖出烤烟的优良品种。郭孝武[1]利用超声波进行处理，以便获得最佳的超声波促进烤烟种子的萌发条件。方法是：将烤烟种子用纱布包好，放在频率为 20 kHz，辐射源平均声强度约为 0.5 W/cm^2，频率为 1 MHz，辐射源输出之声能经透镜聚焦后，在焦区的平均声强度约为 50 W/cm^2 的、以水为介质的超声波槽中分别对烤烟种子处理 1、2.3、3.5、6.6、10 min，以不处理为对照，每次处理 100 粒，重复 3 次。再将超声波处理后的烤烟种子播于室内温度为 15 ～ 25℃的培养皿中，发芽后统计发芽数及幼苗子叶出现的苗数和根系长度。经统计，其结果表明：烤烟种子经低频超声波处理后，发芽率受促进程度随处理时间的延长而提升，以频率 20 kHz 的超声波处理 3.5 min 的种子发芽率最高，比对照组发芽率提高 14.49%，也会使幼苗生长更迅速，根系更发达。如图 5.14 所示。

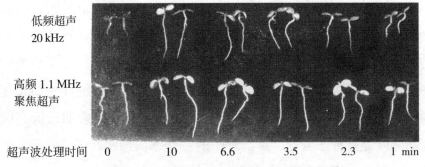

图 5.14　经超声处理烤烟籽后幼苗生长情况

由图 5.14 可看出烤烟种子经两种频率的超声处理后，在 20 d 的生长过程中，幼苗长势随超声波处理时间的延长而增强，以超声波处理 10 min 的幼苗长出第三、四片叶的数量最多，且根系也长，以高频超声波聚焦处理的幼苗生长速度快，且支根发达。超声波处理烤烟种子的试验，为超声波促进种子萌发和幼苗生长提供了育苗试验依据。

5.4.2　桑籽

桑籽是桑树所结的果实，桑树系桑科多年生落叶性木本植物，其叶互生，具短柄，叶形有披针形、椭圆形、卵形及倒披针形，边缘有细锯齿。桑叶不但是农村经济的一项重要产业，也是养蚕业的原料，而且桑树所结的果实——桑葚是桑树育苗的种子，也是重要的经济作物之一。而且，要发展养蚕业，就必须种植桑树。发展植桑养蚕业不仅适应世界外贸、换取外汇，加速四化建设，而且对改善和提高人民生活水平也有着重要作用。为了发展蚕桑生产，郭孝武[2] 采用低、高频两种超声波设备，对桑籽种子进行超声波处理，以观察超声波促进桑籽种子萌发的能力。方法是：将桑籽种子用纱布包好，分别置于频率为 20 kHz，输出电功率 250 W，换能器辐射面的平均声强度为 0.5 W/cm^2(估算值) 的低频超声辐射源和频率 1.1 MHz，输出电功率 300 W，换能器输出之声能经透镜聚焦，焦区的平均声强度为

50 W/cm²(估算值)的高频超声辐射源在以水为介质的声场中进行照射,每次照射 50 粒,分别照射 8、12.5、20、31、50 min 并对照;再将处理好的种子放入室内培养皿中进行水培,管理条件相同;发芽后统计其发芽数、子叶面积,并观察生长情况,在生长 15 d 时统计根系长度和主根上的支根数目等项,然后进行分析对比。其结果表明,低高频超声波都可以促进种子发芽,提高种子的发芽率,加快幼苗的叶面和根系生长。如图 5.15 所示。

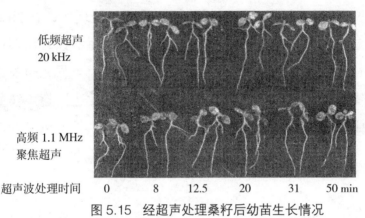

低频超声
20 kHz

高频 1.1 MHz
聚焦超声

超声波处理时间　　0　　　8　　12.5　　20　　　31　　50 min

图 5.15　经超声处理桑籽后幼苗生长情况

由图 5.15 可看出,桑籽种子经两种频率的超声波处理后,其桑籽种子的发芽率均高于对照,且经高频超声波照射后的桑籽发芽率高于低频超声波照射后的种子;在 15 d 的生长过程中,两种频率的超声波处理桑籽种子后都可促进幼苗发育,加快幼苗生长,以低频超声波照射 8 min 的,叶片的面积为 10.8 mm²、平均根长达 33.47 mm,分别比对照增大了 41.73% 和 26.78%;而用高频超声波照射 20 min 的叶片面积为 10.5 mm²,照射 31 min 的种子根系生长最为迅速,平均根长达 33.44 mm,分别比对照增大了 53.28% 和 33.97%,且支根发达。超声波处理桑籽种子的试验探讨了超声波处理技术对桑籽的实际效果,为我国植桑养蚕、发展蚕桑生产、培育桑树实生苗提供了一种有效的处理方法和育苗的试验依据。

5.4.3 绿豆

绿豆是作为农产品的豆类植物，在农业生产中占有举足轻重的地位。但是种子萌发时存在发芽率低、萌发时间长、种子易霉变等问题，影响绿豆种植。因此，为了最大限度地缩短种子发芽时间，提高种子发芽率，增强种子的抗菌性，王泽龙等[3]利用超声波对绿豆种子进行干处理，以便探明超声波对绿豆种子萌发能力的影响。方法是将粒大饱满的绿豆种子分成若干组，平铺于超声波辐照平台上，使超声波的发射端面正对种子，用发射强度为 10 W，频率 20 ～ 40 kHz，发射端半径为 2 cm 的超声波进行处理，让绿豆种子在以空气为辐照介质的波场之中接受均匀辐照（见图 5.16a 超声波处理绿豆种子辐射图），然后分组放在相同环境的培养器皿中进行培养，测量种子的发芽时间与发芽率。其结果表明，不同辐照频率、不同辐照时间的超声波辐照对绿豆种子的萌发都有不同程度的促进作用，而且以 25、30 kHz 的超声波辐照 3、6 min 组的发芽率都为 100%，发芽时间都有缩短。用超声波辐照对绿豆种子进行处理的萌发试验充分发挥了超声波操作简单、污染小、生物效应明显的优势，为超声波的应用打下了坚实的理论基础。

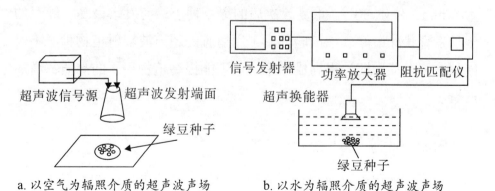

a. 以空气为辐照介质的超声波声场   b. 以水为辐照介质的超声波声场

图 5.16　超声波处理绿豆种子的辐射图

同时，惠潇潇[4]为了研究超声波能促进绿豆种子萌发的机理，利用超声波对绿豆种子进行处理，探讨超声波处理参数对绿豆种子萌发能力的影响。方法是挑选饱满且大小相近的绿豆种子，在流水下冲洗干净，用70%的酒精溶液浸泡30 s，无菌水冲洗，再用2%次氯酸钠溶液浸泡10 min灭菌，用无菌水洗涤数遍。再浸泡于清水中，使绿豆种子达到一定的含水量后，放于水槽中的超声波换能器探头下，探头垂直悬于浸泡在水溶液的绿豆种子的正上方，进行各种超声波的照射（见图5.16b超声波处理绿豆种子辐射图），再通过改变超声波辐射的间歇时间以及用双频超声波来照射。然后将用各种超声波参数处理的绿豆种子分别置于培养皿中，放在光照培养箱进行培养，测量在不同生长周期的绿豆种子的萌发率、发芽指数和发芽速率。通过对比实验，结果表明：在单频超声波和双频超声波复合声场下，在不同辐射功率、辐射时间和间歇时间的作用下，以频率为45 kHz和50 kHz的双频超声波声场中，超声波功率为10 W，间歇时间为2 min，停歇间隔30 s，处理时间为8 min，重复四次时的绿豆种子的生长状态最佳；单一频率的超声波辐照绿豆种子，在改变辐射的频率、功率和处理种子的时间及间歇时间的条件作用下，通过统计，以超声波功率为20 W，频率为50 kHz，辐射时间为10 min以及间歇时间为2 min，停歇30 s，重复5次后的绿豆种子的萌发率最高，绿豆的生长发育状况最好。该试验证实了用适宜的超声波辐射植物种子不仅能够缩短发芽周期，提高成活率，还可能提高植物种子的品质，增加产量。

5.4.4 油菜

油菜是食用植物油的第一大来源植物，是我国传统的油料作物，其种子是生产食用植物油的原料，占国产油料作物产油量的50%以上。但目前我国食用植物油自给量仅占植物油消费总量的40%左右，约60%完全依赖进口，这对我国的食用油供给安全构成了巨大威胁。因此，必须改良和培育油菜新品种，加速老品种油菜种子生产，促进种子萌发，提高种子活力和油菜产量，缓解依赖进口的现状。赵艳等[5]利用超声波对油菜种子进行处理，以便获得最佳的萌发条件。方法是：挑选籽粒饱满、大小均一的油菜种子，用纱布包好，以功率为100 W、频率为40 kHz的超声波在以蒸馏水为介质的槽中分别处理10、20、30 min；取出后，再用2%的次氯酸钠溶液消毒10 min，用蒸馏水冲洗干净，放入铺有两层滤纸的培养皿内，置于25℃的人工气候箱中进行种子萌发试验，保持种子湿润。每天记录种子发芽情况，直到连续5 d无种子萌发结束。统计结果如表5.22所示。

表5.22 超声波处理不同时间对油菜种子萌发、幼苗生长的影响

处理时间 (min)	发芽率 (%)	发芽势 (%)	发芽指数	发芽持续时间 (d)	幼芽长 (cm)	幼根长 (cm)
CK	43.33 ± 6.42	36.00 ± 4.00	35.14 ± 5.83	9	1.11 ± 0.09	2.14 ± 0.10
10	67.33 ± 9.87	60.61 ± 8.08	49.86 ± 7.68	10	1.41 ± 0.05	2.48 ± 0.08
20	79.33 ± 3.06	75.33 ± 3.06	67.57 ± 4.17	11	1.52 ± 0.03	2.64 ± 0.05
30	54.67 ± 6.11	48.67 ± 8.08	41.33 ± 5.05	9	1.27 ± 0.05	2.32 ± 0.08

由表5.22实验结果看出，超声波处理油菜种子能够比较显著地促进油菜种子萌发，种子发芽率、发芽势和发芽指数比对照组均显著升高。在油菜幼苗生长的过程中，能提高种子活力、增加种子的抗逆能力，与对照相比，油菜的幼根长和幼芽长也均显著增加。以功率为100W、频率为40 kHz的超声波处理20 min时，油菜种子的萌发情况和幼苗生长情况最佳。本试验为超声波处理油菜种子获得了最佳的促进种子萌发和幼苗生长的条件。

5.4.5 向日葵

向日葵是菊科向日葵属一年生草本植物，亦称葵花、朝阳花，

原产于中美洲，现已遍布全世界，我国南北各地均有栽培。在中医学中，向日葵从花、叶到根茎都有治疗疾病的功效；而向日葵种子含有人体所需蛋白质、脂肪、维生素、矿物质等营养物质，有重要的营养与保健功能；又可榨成油，葵花籽油中含高达 69% 的亚麻油酸和丰富的抗氧化物质维生素 E，有降低人体胆固醇、减少血栓形成等作用。为了使向日葵种子中的营养物质微细化，开发出营养丰富的向日葵芽菜新品种，戴凌燕等[6]利用超声波和其他方法对向日葵种子进行处理，以便研究在种植前预处理对向日葵种子萌发及芽菜物质含量的影响。方法是：将种子外壳去掉，选取籽粒饱满、无病虫害的种子，用自来水洗净，然后用 0.5% 次氯酸钠浸泡 15 min，再用蒸馏水冲洗，将水分吸干；用蒸馏水浸泡 10 h，让种子充分吸水后，将向日葵种子用其他方法处理和放入超声波清洗器水槽中进行处理，分别处理 0(CK)、20、25、30、35 min；取出后，置入垫有吸水纸的培养皿中，再放入恒温培养室避光进行保湿催芽；在培养室培养 14 h 后，每隔 8 h 记录向日葵种子发芽情况，培养 48 h 后测定幼苗的总长度。经统计，结果如图 5.17 和图 5.18 所示。

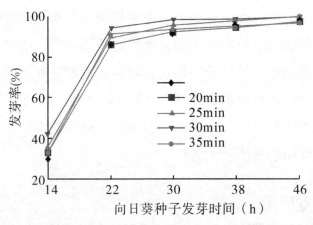

图 5.17　超声波对向日葵种子发芽率的影响

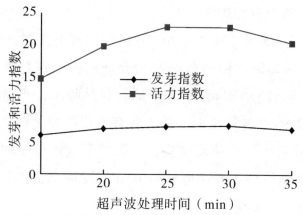

图 5.18 超声波处理对向日葵种子发芽率指数与活力指数的影响

由图 5.17 和图 5.18 看出，向日葵种子经超声波处理，培养 14 h 后，与对照相比，发芽率、发芽指数和活力指数都有所提高，其中以超声波处理 30 min 的效果最明显。超声波有促进向日葵种子发芽、加速幼苗生长、提早成熟、增加产量等作用，和其他处理方法比较，除发芽指数和活力指数低于 1.0% 氯化钠溶液处理的向日葵种子外，均优于其他处理方法。向日葵种子经超声波处理后，不但促进了向日葵种子萌发，还缩短了向日葵芽菜的生产时间，提高了芽菜品质。该试验通过研究各种处理方法对向日葵种子萌发及活力的影响，为工业化生产提供了理论依据。

5.4.6 毛竹

毛竹是刚竹属竹亚科的禾本植物，广泛分布于北纬以南地区，是我国栽培面积最大、经济价值最高的竹类资源。因竹类植物开花结实习性独特，终其一生只开一次花，且在种子发育成熟后随即死亡，所以，竹类植物自然结实率低，种子质量差、寿命短、萌发率低。长期以来，毛竹林的培育主要采用传统的母竹移植法，致使其造林成本高、成活率低、萌笋少、成林慢。为了快速培育竹林，改良毛竹种质资源，发展毛竹产业，以解决盐碱化地区的竹林培育问题，宋沁春等[7]研究在盐胁迫下进行超声波处理对毛竹种子萌发和幼苗早期生长的影响。方法是：选取籽粒饱满、大小均一的毛竹种子，用纱布将种子包好，置于功率为100 W、频率为40 kHz的超声波清洗器，在以适量的、含有100 mmol/L氯化钠的蒸馏水为介质的槽中进行处理，分别处理0 (CK)、5、15、25 min，完毕后，自然晾干；再将处理好的毛竹种子放于无菌的培养皿中，加入含有氯化钠的无菌蒸馏水，放于恒温光照培养箱中进行萌发试验；每天观察统计种子的萌发数，统计第7 d天的毛竹种子发芽势与第10 d的发芽率、相对发芽率。经统计，结果如表5.23所示。

表 5.23　盐胁迫下超声波对毛竹种子萌发特性的影响

超声波处理时间 (min)	发芽率 (%)	相对发芽势 (%)	发芽势 (%)
CK	37.33 ± 1.53d	100.00	19.00 ± 1.00c
5	44.33 ± 0.58c	118.75	23.67 ± 1.53b
15	52.33 ± 0.58a	140.18	26.67 ± 1.53a
25	47.67 ± 0.58b	127.70	23.67 ± 0.58b

由表5.23看出，毛竹种子在盐胁迫下经超声波处理后，毛竹种子发芽率、发芽势均显著高于对照组，并有显著差异，其中以超声波处理15 min为最佳（52.33%）。发芽率增幅在7%～15%之间，而随着超声波处理时间的增加，种子的发芽率呈先上升后下降的趋势。同时，试验组的幼苗生物量均显著高于对照组，且呈先上升后下降的趋势；而毛竹相对发芽率分别比对照组高18.75、40.18及27.70；毛竹种子的发芽势也呈现类似的趋势，即处理组的发芽势均显著高于对照组，以超声波处理15 min的达26.67%。该试验表明，在盐胁迫下，超声波处理可有效缓解盐害现象，促进种子萌发，为解决盐碱化地区的竹林培育问题提供了参考。

通过以上超声波处理经济作物种子的例子看出，利用超声波处理植物种子新技术，不但可以打破林木种子的休眠状态，提高树种发芽率和苗木的质量，缩短培育年限，促进林木大发展，还能为珍贵的和

难发芽的、劣质的林木树种子提供一种种植育苗的新方法，显示出了
超声波处理植物种子新技术所取得的显著效果。

参 考 文 献

[1] 郭孝武．超声波对烤烟种子发芽及幼苗生长的影响 [J]. 植物生理学通讯，
    1994，30(5)：352–353.

[2] 郭孝武．超声波对于桑籽发芽和生长的影响 [J]. 陕西蚕业，1988(1)：7–10.

[3] 王泽龙，李宝宝，奚小明，等．超声辐照对绿豆种子萌发影响的研究 [J]. 黑
    龙江农业科学，2008(1)：47–49.

[4] 惠潇潇．超声辐射促进绿豆种子萌发机理的研究 [D]. 西安：陕西师范大学，
    2017.

[5] 赵艳，杨青松，王莹，等．不同时间超声波处理对油菜种子萌发的影响 [J].
    种子，2012，31(10)：90–92.

[6] 戴凌燕，王玉书．不同处理对向日葵芽菜萌发及营养物质含量的影响 [J]. 安
    徽农业科学，2008，36(21)：9015–9017，9033.

[7] 宋沁春，魏开，漆冬梅，等．盐胁迫下超声波处理对毛竹种子萌发及幼苗生
    长的影响 [J]. 种子，2018，37(3)：83–85.

5.5 超声波处理林木种子新技术的应用

森林被誉为"地球之肺"，森林建设对于国家的建设发展，调节
生态的平衡具有重要的作用。为了有效地减少我国荒漠化的现状，调
节沙漠气候，防止沙尘风暴，改变生态环境，就要进行植树造林，需
要发展森林建设。要大力实现林业资源再生繁殖能力，就必须育种或
直播造林，但林木植物种子的存储过程会造成种子休眠，有些种子的
休眠期长达数年，种子内部的抑制物抑制种子的生长，推迟种子发芽
的时间，使植株生长不齐，不利于植物的正常发育，延长了培育年限，
增加了生产成本，影响林木种植。为了缩短培育年限，提高发芽率和

苗木的品质，加速荒山的绿化，发展林业资源，应大量开展林木的有性繁殖，进行人工育种，改变林业育苗的生产状况，有效提升育苗成功率。而种子的萌发能力是直播造林的关键，必须对植物种子在播种前进行科学处理，以打破种子休眠，提高种子的萌发能力。研究者利用各种不同的方法探讨，通过生产实践，发现利用超声波处理种子技术对林木植物种子进行播前预处理，具有打破种子休眠，促进林木植物种子发芽的显著效果。下面介绍超声波处理植物种子新技术在 20 世纪、21 世纪中对不同木本植物种子预处理的广泛应用。

5.5.1 欧洲松和树锦鸡儿

在 20 世纪国外就开始利用超声波处理树木种子，如 И.A. 阿夫西叶维奇等[1] 用功率为 400 W、频率为 18 ～ 20 kHz 的超声波对不合标准的欧洲松和树锦鸡儿种子进行处理，然后在实验室进行了发芽试验。发现欧洲松种子经强度为 0.9 ～ 1.5 W/cm^2 的超声波处理 10 min，发芽率为 20% ～ 30%；树锦鸡儿种子经强度为 9 ～ 10 W/cm^2 超声波处理 10 min，发芽率为 30%；两树种在第 10 d，土壤中发芽率均高于对照 60%。证明了超声波处理对提高不合标准种子的播种品质及其"复苏作用"的可能性，使丧失了发芽力但还能成活的种子恢复了发芽能力。

5.5.2 油茶

20 世纪 70 年代，王克满[2] 也利用超声波处理沙藏三年的大粒油茶种子。用两种不同频率的超声波处理油茶种子后，在温箱内进行发芽试验，结果两种不同频率超声波处理 20 min 后的油茶种子发芽率都高于对照，频率为 27 和 30 kHz 的超声波处理后，发芽率分别高于对照 33.3% 和 6.6%。可以看出超声波处理对促进油茶种子发芽具有良好的效果。

5.5.3 马尾松

谭绍满[3] 用频率 27 kHz 超声波处理藏于干燥的种子柜内 10 年的马尾松树种子 30 min 后，经恒温箱内发芽试验，发芽率和发芽势分别比对照提高 12.5% 和 23%。试验表明，用一定频率与时间的超声波处理储藏多年的林木种子，能提高其发芽率，缩短发芽天数，对种子的初期萌发有着良好的影响。

5.5.4 油松

油松是我国暖温带半湿润地区飞播林的树种，也是华北山地造林树种。因飞机播种后种子裸露在地表，使种子萌发，幼苗成活、生长都依赖自然条件。为了提高飞播后种子的发芽率、成苗率，解决飞播造林出现的问题，20 世纪 80 年代，米锐等[4] 用频率 20 和 16 kHz 的超声波处理经过一年半普通干藏的油松种子 1、2、4、6、8、10 min 后，在恒温箱内做发芽试验，经统计，发芽率和发芽势均高于对照。在处理时间相同时，超声波频率高的好于频率低的，而其差值随处理时间的增长而加大。并且将经频率 20 kHz 超声波处理 1、8 min 的种子贮存 20 d 后可以发现，经 8 min 处理的效果最佳，不但发芽率和发芽势不降低，反而分别提高 14.0% 和 13.8%；经 16 kHz 超声波处理 6 min 的种子，贮存 50 d 后，其发芽率仍比不贮存的高 5.3%。由此看出，经超声波处理的种子，在一定的贮存期间，种子发芽的能力不被减弱，而且有所提高。为此，研究人员利用超声波对油松种子进行了反复处理试验，证明超声波有促进油松发芽速度、提高发芽率的作用，为飞机播种造林提供了条件。

5.5.5 侧柏

木本植物的种子一般休眠期比较长，如不催芽，播后难以发芽，为了使发芽迅速而整齐，在育苗播种前需对种子进行催芽处理，减缩育苗生产时间，提高苗木的质量，加速荒山的绿化。褚桂林等[5]利用超声波对贮藏期为一年的侧柏、油松和贮藏期为两年的刺槐种子进行处理，以观察超声波对三种种子催芽作用的影响。方法是将三种林木种子放于频率为 20 kHz 的超声波水槽中各处理 4、8 min，另用 16 kHz 超声波只对侧柏种子处理 4、8 min 后，直接在室内进行盆播发芽试验。于油松、侧柏播后 14 d，刺槐播后 7 d 分别记录发芽情况。从统计结果可以看出，用频率为 20 kHz 超声波处理的三种林木种子，处理 8 min 的发芽率和发芽势比对照都有所提高，只有侧柏差异显著，侧柏发芽率和发芽势为 68% 和 34%，分别比对照提高了 28.3% 和 70%。用频率为 16 kHz 超声波处理的侧柏种子，以处理 4 min 的比对照差异极显著。这都说明超声波处理种子不会引起种子外部形态（裂嘴、膨胀等）的变化，只影响种子内部的生理生化反应。因此，将超声波处理后的种子用于较干旱地区的直播或飞播造林，安全可靠。

5.5.6 落叶松、云杉

20 世纪 90 年代以后，在我国，用超声波处理植物种子的新技术在各个领域全面展开推广，对林木树种的种子处理也逐渐扩大了品种范围。为了提高林木种子的播种品质，改善林业育苗生产的经营管理状况，提高经济效益，刘晓英等[6]以落叶松、云杉种子为试验材料，利用超声波处理林木种子。方法是将每一树种的种子先用温水浸泡 18 h，每隔 3 h 翻动搅拌一次，把浸泡后的种子放于不同功率、不同频率的、以水为介质的超声波槽中处理不同时间后，将种子置于经消毒后的培养皿的脱脂棉上，保持湿润，在室内进行发芽试验，每天统计。结果看出，经超声波处理的云杉、落叶松种子的发芽势、发芽率高于对照。其中云杉种子经频率在 5～21 kHz 范围内，功率为 500 W 的超声波处理 18 min 的发芽势（38.5%）和发芽率（68.3%）均为最高，分别比对照组的 21.8% 和 46.8% 高 16.7% 和 21.5%；功率为 1000 W 的超声波处理 11 min 的发芽势（34.0%）和发芽率（74.3%）均为最高，分别比对照组高 12.2% 和 27.5%。而落叶松种子经频率在 5 ~ 21 kHz 范围内，功率为 500 W 的超声波处理 9 min 的发芽势和发芽率均为最高，分别比对照高 17.7% 和 16.2%；用功率为 1000 W 的超声波处理 16 min 的发芽势（34.0%）和发芽率（74.3%）为最高，分别比对照组高 17.2% 和 15.5%。这就说明了超声波处理云杉和落叶松乔木植物种子，可提高种子发芽势和发芽率。

齐华生等 [7] 利用超声波对已在室内存放 6 年的兴安落叶松种子进行处理，以观察超声波对种子发芽的影响。方法是将兴安落叶松种子与用温水浸泡过的种子，放于功率为 250W，频率为 21 kHz 的超声波水槽中分别处理 10、15、20、30、45 min 后，置于温箱中进行发芽试验、苗圃播种。试验结果表明，直接经超声波处理过的种子，其发芽率提高幅度最低为 5.4%，最高 29.3%。以处理 30 min 的兴安落叶松种子效果为最好。而超声波处理湿种子也能提高发芽率，所需处理时间比干种子缩短许多，以浸泡 l h，超声波处理 10 min 的种子为佳。研究者对储存期达 7 年的兴安落叶松种子也进行了发芽试验，结果对照温箱发芽率为 12%，而处理的干种子发芽率达 41.3%，最高 53%。这试验为超声波能使陈种子发芽能力得到恢复提供了依据。

5.5.7 苏铁

苏铁种子在萌发过程中存在发芽率低、萌发时间长、种子易霉变等问题，影响苏铁种子种植。肖宜安等 [8] 利用超声波对苏铁种子进行播前处理，以观察种子的萌发效果。方法是将完好的成熟苏铁种子立即沙藏，将贮藏 15 d 后的种子放于功率为 25 W，频率为 1.45 MHz 的超声波水槽（介质为自来水）中分别处理 10、20、60 min，以不辐照组为对照。处理后立即将种子播于以河沙为基质的苗床上，播后进行正常管理和观察，统计发芽率、萌发时间和霉烂率。结果表明，10 和 20 min 超声波辐照对苏铁种子的发芽率、萌发时间和霉烂率均有明显改善作用。以超声波处理 20 min 的发芽率更为明显，达到 100%，且霉烂率下降为零，萌发时间显著缩短，比对照的缩短了 183 d。可见超声波处理种子技术对提高苏铁种子萌发有显著的作用。

5.5.8 红砂

红砂为柽柳科红砂属落叶超旱生小灌木，又名琵琶柴，是我国干旱荒漠区分布最广的树种之一，具有很强的抗旱、耐盐和集沙能力，是保护干旱荒漠化土地的重要生物屏障。因红砂青绿时粗蛋白质和粗脂肪含量较高，是中等的饲用植物，所以以红砂为建群种的草地，是草原化荒漠和典型荒漠地区家畜的主要放牧地。由于受自然和人类活动的长期作用，红砂草地已严重退化和沙化，迫切需要恢复与重建。王红明等 [9] 为了保护干旱荒漠区树种及恢复、重建红砂草地，利用超声波对红砂种子进行处理，以便促进红砂种子的萌发，进行人工种植。方法是将红砂种子用赤霉素溶液浸泡 12 h 后，放于功率为 50 W、频率为 40 kHz 的超声波槽（介质为去离子水）中分别处理 0、5、10、15、20、30 min，取出后，置于铺有两层滤纸的培养皿中，放在 25℃ 无光照培养箱中进行种子发芽试验，每天补充水分并记录种子发芽数。经统计，结果表明：超声波处理对红砂种子发芽率的影响不显著，但对发芽势、发芽指数和平均发芽时间影响显著。除张掖山丹的红砂植物种子外，15 min 超声波处理对所有种源的种子均有促进作用，效果最好；但当处理时间超过 20 min 时，超声波的促进作用会减弱。对不同种源种子发芽率、发芽势的作用效果为：武威民勤＞张掖肃州＞兰州交大后山＞酒泉金塔＞张掖山丹＞兰州九州岛台，且各种源之间差异显著。综合各项指标可知，超声波处理武威民勤的红砂种子效果最好。因此，如何促进红砂种子的萌发与如何进行种源的选定是人工促进红砂植被恢复的关键所在。

5.5.9 暴马丁香

暴马丁香为木樨科丁香属落叶灌木或小乔木，生长在海拔
1000～1200 m 的山坡灌丛、林边、草地、沟边，或针、阔叶混交林
中，目前主要处于野生状态，在园林中应用有限。种子繁殖是木本植
物繁殖的重要途径，暴马丁香种子属于深休眠种子，萌发率低。为了
打破种子休眠，促进萌发，滕红梅等[10]利用超声波和赤霉素浸泡两
种方法协同处理，以促进种子萌发。方法是：将贮存在冰箱里的
饱满的暴马丁香种子取出，一组用不同频率 (40、50、60 kHz) 的超
声波各处理 40 min，另一组将暴马丁香种子先用 50 kHz 超声波处理
40 min，再用 100 mg/L 赤霉素浸泡 24 h；将上述处理过的暴马丁香
种子放入铺有湿纱布的培养皿中，置于 25℃的光照培养箱，相对湿
度为 80%，进行发芽试验，以清水处理作为对照，每天观察暴马丁
香种子的萌发状况，并进行数据记录，统计种子发芽数。其结果如表
5.24 所示。

表 5.24　超声波、超声波 + 赤霉素 2 种方法对暴马丁香种子的处理效果

处理方法	发芽率 (%)	发芽势 (%)	发芽指数 (%)	平均发芽天数 (d)	出苗率 (%)
50kHz 超声 + 100mg/L 赤霉素	92.36 ± 12.71a	55.00 ± 0.35a	18.23 ± 0.71a	7.56 ± 0.81a	90.13 ± 0.27a
50kHz 超声	66.71 ± 12.71c	45.00 ± 0.94c	15.93 ± 0.71c	9.56 ± 0.81c	65.75 ± 0.39c

注：表中不同小写字母表示差异显著 ($P < 0.05$)

从表 5.24 看出，经频率 50 kHz 的超声波处理后的暴马丁香种子，
比其他频率（40、60 kHz）的超声波处理的种子发芽率、发芽势、出
苗率都高，发芽率达 66.71%，出苗率达 65.75%，平均发芽天数为 9.56 d，
比对照缩短了 1.85 d。但用频率 50 kHz 的超声波处理 40 min 后，再用
100 mg/L 赤霉素浸泡 24 h 的协同处理效果更好。此方法操作简单，

成本低廉，具有实际生产意义，为暴马丁香种子的规模化繁育提供了理论依据。

5.5.10 翅果油树

翅果油树为胡颓子科胡颓子属的大灌木或小乔木，是一种稀有的优良木本油料植物，又名泽绿旦、柴禾、车勾子等。翅果油树含有丰富的多种不饱和脂肪酸，是一种药用价值、营养价值都很高的资源植物，用于生产防治心血管疾病的药物和保健品。由于翅果油树种子的发芽率很低，难以大面积种植。翟静娟等[11] 为了提高翅果油树种子的发芽率，利用超声波和其他方法对翅果油树种子进行种植前的不同预处理，以促进翅果油树种子发芽。方法是：将翅果油树种子用流水冲泡 24 h，再在温水中预浸 2 h，放于功率 50 W、频率 40 kHz 的超声波水槽中处理 6 min；取出后，置于土壤用原生壤土与细砂混合的花盆内，放于温室 (25℃，12 h 光照)，使其萌发。分别测定发芽率、发芽势、萌发指数、根长、芽长、株高、茎粗等指标，统计结果如表5.25 所示。

表 5.25　不同预处理对翅果油树种子发芽率和发芽势及幼苗生长的影响

预处理	发芽率(%)	发芽势(%)	萌发指数(%)	根长(cm)	芽长(cm)	株高(cm)	茎粗(mm)
CK	8	6	1.421	7.45 ± 0.49	3.4 ± 0.18	5.83	2.95
超声波	65	59	12.871	11.84 ± 0.46	4.3 ± 0.25	9.03	3.85

从表 5.25 看出，经超声波处理的翅果油树种子的各项指标均高于对照，不但提高了发芽率、发芽势和萌发指数，使种子活力上升，也促进植株的生长，使其幼苗的根长、芽长、株高、茎粗比对照组幼苗都有明显的增长。该研究为促进濒危植物翅果油树的种群繁衍以及对翅果油树的可持续利用提供了一定的科学依据。

5.5.11　杜松

杜松为柏科刺柏属常绿乔木植物，是一种耐寒耐旱，适应性强的优良树种，主要分布于我国北方各省区，是贺兰山水源涵养林的主要组成群系。杜松有较高的园林绿化应用价值，其球果还可入药，枝、叶可提取芳香油。长期以来，由于人为干扰、环境变化以及种子萌发困难、生长缓慢等原因，杜松种群的自然更新及引种栽培工作受到了极大的影响，其天然群体的分布日益缩小，甚至处于濒危状态。为了挽救杜松种群，刘永辉等[12]利用超声波和其他方法对杜松种子进行预处理，在模拟贺兰山林间环境的光照培养箱中进行培养，观察对杜松种子萌发的影响。方法是将杜松种子去除表面油脂并进行浸泡和消毒处理后，放于功率为 500 W、频率 59 kHz 的超声波清洗仪的水槽（介质为自来水）中处理 0（CK）、5、10、15、20、25、30 min。取出后，置于最佳温度、光照、水分及埋深条件下的人工气候箱中进行种子萌发试验，每天观察记录杜松种子的发芽情况。经统计，结果如图 5.19 所示。

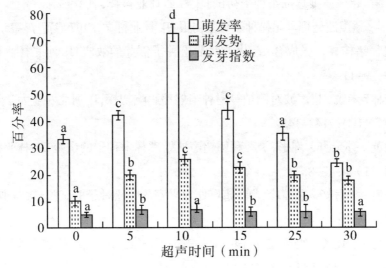

图 5.19　超声波处理不同时间下杜松种子的萌发特性

从图 5.19 看出，超声波处理杜松种子能促进种子萌发，种子萌发率随超声波处理时间的延长而增大，呈现先升高后降低的变化趋势，以超声波处理 10 min 的杜松种子萌发率、萌发势和发芽指数均达到最高，其萌发率高达 73%。超声波提高了贺兰山杜松林种子的萌发效率，为杜松林的实生更新以及人工栽培奠定基础。

通过以上超声波处理林木种子的例子看出，利用超声波处理乔木植物种子新技术，不但可以打破林木种子的休眠状态，提高树种发芽率和苗木的质量，还可以缩短培育年限，促进林木大发展，为珍贵的和难发芽的、劣质的林木树种子进行飞机撒播提供了一种新方法，加速荒山绿化的同时也显示出了超声波处理植物种子新技术所取得的显著效果。

参 考 文 献

[1] И.А. 阿夫西叶维奇, 等. 超声波对林木种子播种品质的影响 [J]. 吉林林业科技, 1988(4)：63–65.

[2] 王克满. 超声波处理油茶种子初试 [J]. 江西林业科技, 1979(2)：33.

[3] 谭绍满. 超声波处理马尾松种子试验初报 [J]. 林业科学, 1979(1)：73–75.

[4] 米锐, 褚桂林, 张成合. 超声波对油松种子催芽的效应 [J]. 河北林业科技, 1988, 9–11.

[5] 褚桂林, 米锐. 超声波对侧柏等树种子催芽影响初探 [J]. 河北农业大学学报, 1988, 11(1)：142–145.

[6] 刘晓英, 孙荣喜, 许彬, 等. 利用超声波处理林木种子的试验 [J]. 林业科技, 1994, 19(5)：7–8.

[7] 齐华生, 于海峰, 宋福珍, 等. 超声处理兴安落叶松种子的试验 [J]. 林业科技, 1999, 24(3)：7–8.

[8] 肖宜安, 李化茂, 冯若. 超声辐照对苏铁种子萌发的影响 [J]. 植物生理学通讯, 1999, 35(4)：293.

[9] 王红明, 郭素娟, 贾汉森. 超声波处理对不同种源红砂种子萌发的影响 [J].

种子，2015，34(1)：19-24.

[10] 滕红梅，崔克勇，王丹丹，等. 不同处理对暴马丁香种子萌发及育苗的影响[J].
山西林业科技，2016，45(4)：1-3，38.

[11] 翟静娟，王小花，李双双，等. 影响翅果油树种子萌发及幼苗生长的几种
因素的比较研究[J]. 植物研究，2008，28(6)：757-759.

[12] 刘永辉，马振华. 贺兰山杜松种子萌发的影响因素研究[J].西北农林科技大
学学报（自然科学版），2016，44(6)：62-70.

5.6 超声波处理牧草种子新技术的应用

草是一种既能调节生态环境，又可供食草动物生存的草本植物。用于美化人们生活环境，建立人工草地植被的草称为草坪；适合生长在干旱缺水地区，专供食草动物食用而构成放牧植被的草场，称之为牧场。

随着社会发展和生活水平的提高，人们需要绿色生态的生活环境。发展种草业，建立人工草地，以便休闲。在牧区发展种草业，可以治理水土流失；发展畜牧业，扩大养殖业，加速牧区经济发展，可以改善牧区生活环境。

随着我国对农业发展的重视，在草业种植方面加快了物理高新技术的普及和应用，利用超声波处理草类种子的技术已发展起来，这为以草食家畜生产为主的畜牧产业与农牧民的收入做出了巨大的贡献，促进了畜牧业的大发展，产生了更好的经济效益和社会效益。目前我国所生产的牧草种子远远不能满足草地建设的需求，提高牧草种子产量和质量将是我国草业发展的当务之急，也是牧草种子科技工作者们面临的时代挑战。超声波处理技术具有明显提高植物种子的萌发能力和种苗发育强度、促进生长、增加产量、提高活化性能等优点，对牧草种子进行超声波处理十分必要和可行[1]。下面介绍超声波处理植物种子新技术在草类植物种子种植和人工草地种植中的广泛应用。

5.6.1 柱花草

柱花草是优良的热带、亚热带豆科柱花草属牧草，原产于中、南美洲，我国自 20 世纪 60 年代从国外引进并应用于生产中。到目前为止，在我国牧草种植中，柱花草占 80% 以上，现已成为我国热带、亚热带地区建立人工草地，发展畜牧业，覆盖幼龄胶园、果园的重要热带牧草。为了探讨超声波处理对柱花草种子萌发的生物学效应，庄南生等[2] 以热研 2 号柱花草种子为材料，采用超声波对柱花草种子处理，以观察种子萌发情况，促进牧草种植。方法是将干种子在常温水中浸种 2 h，然后置于 85 ℃ 热水中浸 3 min，再用常温水浸种 12 h，后放入功率 200 W，频率 59 kHz 的超声波清洗器水浴中进行处理 5、10、15、20、25 min 和对照 6 个时间，取出后将种子置于垫有两张湿滤纸的培养皿中，在 25 ℃下暗培养，保持湿度，第 3 d 统计发芽势，第 4 d 统计发芽率，并在各个处理中随机抽取 30 株测量胚根长度及幼苗的株高，计算种子活力指数。经统计分析，其结果见表 5.26。

表 5.26　超声波不同处理时间对柱花草种子萌发的影响

处理时间 (min)	发芽势 (%)	发芽势 (%)	平均胚根长 (cm)	平均株高 (cm)	平均活力指数
CK	62.35bB	67.67bA	1.51bB	1.07bcB	102.58cB
5	75.41aA	81.06aA	1.98aA	1.20bcAB	160.11aA
10	73.90aAB	79.33aA	1.90aA	1.64aA	150.70abA
15	69.45abAB	73.45abA	1.99aA	0.90cB	147.24abA
20	62.33bB	67.67bA	1.86aA	1.17bcAB	126.56bcAB
25	69.45abAB	77.85abA	1.85aA	1.39a bAB	144.33abA

由表 5.26 看出，对柱花草种子用超声波处理一定时间，可提高其发芽势、发芽率和活力指数，促进胚根及幼苗株高的生长。从发芽势、发芽率、活力指数、胚根及幼苗的株高等指标综合考虑，以超声

波处理 10 min 的更能提高种子的发芽率，缩短萌发时间，同时也能促进幼苗的生长。这为柱花草的栽培生产及提高种子的利用率等方面提供了有价值的参考。

5.6.2 高羊茅、黑麦草、新麦草

高羊茅、黑麦草、新麦草都是冷季型草坪、草原的草种，都具有返青早、枯黄晚、绿期长、抗寒性强等特点，是我国北方地区绿化和草原的优质禾本科牧草。由于生理成熟后的种子在休眠阶段或储藏运输后导致种子劣变而不耐储藏，因而引发种子老化，无法萌发，造成种质资源流失，严重地影响了畜牧业及草原植被恢复与重建、水土保持、土壤修复等生态方面的应用发展。为了探索实用有效的技术来延缓或修复种子老化问题，柳旭等[3]以在室温条件下储藏 1 年和 5 年的高羊茅、储藏 5 年的黑麦草及储藏 6 年的新麦草三种自然老化草种为材料，采用超声波对这三种自然老化的草种进行处理，以观察老化种子的萌发、幼苗生长等情况，以促进草原植被恢复与重建，发展畜牧业的牧草种植。方法是：将三种老化草种子各放入纱布袋，先分别在室温蒸馏水中浸泡不同时间后用滤纸吸干，放于不同输出功率、频率为 40 kHz 的超声波水槽中，以蒸馏水为处理介质，对自然老化的三组草种进行不同时间的超声波处理并对照，每处理 3 次重复；对超声波处理后的各草种用 0.1% 次氯酸钠消毒 15 min，再用蒸馏水冲洗干净，放于培养皿内的滤纸上，在人工气候培养箱中进行发芽试验；每天清晨浇水观察并统计发芽情况，以种子胚根露出 0.5 mm 作为发芽标准，共记录 21 d，测定幼苗的胚根长、胚芽长以及生理指标。

通过对高羊茅、黑麦草、新麦草三种自然老化草种进行超声波预处理实验统计，其结果是：用适宜剂量的超声波预处理老化种子后，经培养箱中进行发芽试验，可提高种子 SOD、POD 活

性并降低脂质过氧化作用来修复种子老化，促进种子萌发和幼苗生长。在正交试验条件下，进行超声波预处理自然老化草种的最优参数为：先浸种 2.89 h 后，再在输出功率为 254.29 W 的超声波槽中（水温度为 26℃）处理 22 min。本次试验得出了超声波处理草种的优化条件，分析了超声波对老化种子的作用机制，以期为超声波的实践应用研究提供科学依据。

5.6.3 龙葵

龙葵为茄科茄属一年生草本植物，别称野葡萄，是一种双子叶恶性杂草，繁殖力强，生长旺盛，生育期短，具有连续多实性和落粒性，可作为医药材料的原料和修复重金属污染土壤的植物，是重要的农田杂草，因此，研究其种子发芽特性具有重要意义。赵艳芹等[4]为了利用及防除龙葵草，采用超声波等 4 种方法对龙葵草种子进行处理，以观察龙葵草种子的萌发情况。方法是将龙葵种子用蒸馏水浸泡 24 h 后，分别用 4 种不同方法处理，其中一组放于超声波清洗器水浴中进行处理，分别处理 0（CK）、5、10、15、20、30 min；取出后，挑选龙葵种子放于铺有一层滤纸的培养皿内，加入 5 mL 蒸馏水，置于 25 ℃光照培养箱中进行培养；种子萌发后调查发芽种子数，保持湿度，连续调查 7 ~ 10 d，统计发芽率、发芽势、发芽指数。其结果见表 5.27。

表 5.27 超声波处理对龙葵种子萌发的影响

处理时间 (min)	发芽率 (%)	发芽势 (%)	发芽指数
5	92.37ab	54.78c	17.14b
10	90.91b	66.09b	18.16ab
15	96.69a	78.01a	22.19a
20	94.79ab	69.94b	20.80ab
30	92.10ab	41.58d	22.34a
CK	93.44ab	57.52c	19.05ab

由表 5.27 看出，对龙葵草种子用超声波处理 15 min 最利于龙葵种子萌发，其发芽率和发芽势最高，分别为 96.69%、78.01%。对于发芽指数，除超声波处理 5 min 的值最低外，其他则与对照值相近。采用超声波等 4 种不同方法处理龙葵种子的研究，为杂草龙葵的发生、利用及防除提供了科学依据。

通过以上超声波处理牧草种子的例子看出，利用超声波处理牧草种子，不但可激发因储藏引发种子老化，导致种子劣变、难以萌发的种子发芽，还可促进牧草幼苗的生长，提高牧草品质。超声波处理种子新技术是牧草种植前预处理的一种新方法，为牧草的人工培育、扩大种植提供了理论依据，在畜牧业领域中具有广阔的应用前景。

参 考 文 献

[1] 乔安海，张建生. 超声对种子萌发和产量的影响 [J]. 安徽农业科学，2009，37(20)：9438–9439.

[2] 庄南生，王英，唐燕琼，等. 超声波处理柱花草种子的生物学效应研究 [J]. 草业科学，2006(3)：80–82.

[3] 柳旭，陈钊，刘倩，等. 超声波对 3 种老化牧草种子萌发和幼苗生长的影响 [J]. 应用生态学报，2018，29(6)：1857–1866.

[4] 赵艳芹，李秀梅，王学虎，等. 4 种处理对龙葵种子萌发的影响 [J]. 杂草科学，2014，32(3)：13–15.

5.7 超声波处理花卉种子新技术的应用

花卉 [1] 是一类供人们休闲娱乐的观赏植物，其形态美观独特，色彩艳丽丰富，深受人们喜爱，具有较高的观赏价值，被广泛运用于室内盆栽、庭院种植以及园林绿化中。随着社会经济的发展和社会的进步、人民生活水平的提高、审美观点的变化，人们对花卉品种的数量和质量需求不断提升，原有的花卉品种难以满足人们对观赏的需求。而我国花卉业随着改革开放的深入发展正日渐兴盛。据报道[2]：1996 年全国花卉种植面积 7.5 万公顷，产值 48 亿元，出口创汇 1.3 亿美元；1997 年全国花卉种植面积达 8.63 万公顷，出口创汇 1.2 亿美元；到 1999 年全国花卉种植面积 12.24 万公顷，出口创汇达 2.6 亿美元，但与世界发达国家相比，我国花卉业只能算处于初步阶段。因此，我们应充分利用我国丰富的花卉种质资源,广泛深入开展花卉育种工作,促进我国花卉业的快速发展。所以不但要充分利用我国丰富的花卉种质，保护好现有的野生资源，以进行花卉的有性繁殖，发展人工培育，培育出一大批名、优、新、奇、异、罕的花卉新品种占领国际花卉市场，为我国创收更多外汇；同时还要满足人们随着经济的发展、社会的进步而日益提高的审美要求。为此，花卉的育种在现实生活中愈发显现出其重要性。

据世界经济贸易行家预测，21 世纪最有发展前景的十大行业中，花卉业被列为第 2 位。因此，花卉市场将迅速发展，我们应该重视花卉育种，抓住机会，利用科技与新技术进行人工种植，以培育出多种优异的新品种，进入世界花卉市场。下面介绍超声波处理植物种子新技术在花卉植物种子育种中的广泛应用。

5.7.1 杜鹃花

杜鹃花为杜鹃花科杜鹃花属植物，花色艳丽、种类繁多，是世界三大高山花卉之一。我国野生杜鹃花资源极其丰富，占全世界杜鹃种类总数的 59%，大多数分布在长江以南地区，而极少的高山杜鹃种类分布于东北地区。其中，具有较高的观赏价值和药用价值的常绿小灌木牛皮杜鹃和小叶杜鹃为珍稀的高山常绿花卉。因这两类为国家重点保护植物，分布范围狭窄，资源量较少，且处于渐危和濒危种状态，加之杜鹃花种子细小、发芽率不高，因此，在保护现有野生资源的基础上，必须进行引种驯化、繁育栽培，以挽救这两个种类的杜鹃花。苏家乐等[3]为了提高牛皮杜鹃和小叶杜鹃种子的发芽率，完善其种子繁殖技术，利用超声波等方法进行播前种子预处理。其方法是：将种子放于超声波水浴中，用功率为 50 W、频率为 40 kHz 的超声波分别处理 10、20、30 min，取出后将种子用 0.3% 高锰酸钾溶液浸种消毒 15 min；用去离子水充分洗净并吸干水分后，均匀排布于垫有湿润滤纸的培养皿中，再置于光照培养箱中萌发；使培养箱中维持一定温度、一定时间的光照度，每天统计发芽情况，记录种子发芽数，以连续 5 d 无种子萌发视为萌发结束。其结果如表 5.28 所示。

表 5.28 超声波处理不同时间对牛皮杜鹃和小叶杜鹃种子萌发的影响 ($X \pm SD$)

	处理时间 (min)	发芽率 (%)	发芽势 (%)	萌发时滞 (d)	萌发高峰期 (d)	发芽持续时间 (d)	发芽指数
牛皮杜鹃	CK	18.25 ± 1.26cB	9.50 ± 1.00bB	9	10	11	7.69 ± 1.64bB
	10	22.25 ± 1.71bA	2.25 ± 1.26aA	9	10	11	10.48 ± 1.56aA
	20	24.25 ± 0.96aA	9.00 ± 0.82bB	9	10	11	11.32 ± 1.21aA
	30	18.75 ± 1.89cB	6.25 ± 1.26cC	10	10	11	8.37 ± 0.72bB
小叶杜鹃	CK	15.25 ± 0.96cC	9.00 ± 1.41aA	8	9	8	5.98 ± 0.43cC
	10	23.50 ± 1.29aA	9.50 ± 0.58aA	8	9	8	11.40 ± 1.56aA
	20	21.00 ± 0.82bB	8.75 ± 0.50aA	8	9	8	9.32 ± 1.11bB
	30	14.25 ± 0.96cC	5.50 ± 1.29bB	10	9	8	5.24 ± 0.60cC

注：同列中不同的小写字母和大写字母分别表示在 0.05 和 0.01 水平上差异显著

由表 5.28 看出，对牛皮杜鹃和小叶杜鹃种子用超声波处理 10 ~ 30 min 后，两种杜鹃种子的萌发高峰期和发芽持续时间均没有受到影响，但对发芽率、发芽势和发芽指数均有一定影响，且较之牛皮杜鹃，超声波处理时间的长短对小叶杜鹃种子萌发状况的影响更明显。超声波分别处理 10 min 或 20 min 后，两种植物种子的发芽率均极显著高于对照。其中，用超声波处理 20 min 的牛皮杜鹃种子和用超声波处理 10 min 的小叶杜鹃种子的发芽率最高。

5.7.2 君子兰

君子兰为石蒜科君子兰属的多年常绿草本花卉，原产非洲南部，处于亚热带气候的山林之中，19 世纪 30 年代由日本引入我国，当时仅为宫廷官府观赏栽培，抗日战争后逐渐传到民间被百姓栽培。君子兰叶花并美，叶形肃整、花大艳丽、花色鲜艳、花簇硕壮、花期较长，显示其高雅、肃静、端庄堂皇、美观大方，是装点节日的观赏植物，为花卉之佳品，被群众所喜爱。1985 年，我国把君子兰列为十大名花之一。

为了培育出更优美的花卉，夺取人们所喜爱的桂冠，需促使君子兰变异，培育出多姿多彩鲜艳的新品种，以供人们观赏和种植，起到美化生活之作用。郭孝武[4]为了打破种子休眠期，以提高君子兰种子的发芽率，完善其种子繁殖技术，利用超声波对君子兰种子进行播前预处理。其方法是：将一株君子兰上的种子剥出，经选种后，立即将未干的种子置于超声辐射水源的声场中进行处理，分别进行 5、10、20、30 min 和对照共 5 个处理，将处理好的种子分别点播于大盆内，在温室下进行培育，管理条件相同；在此期间观察种子扎根、发芽及生长情况，当第二片叶全部长出后，由温室移至房间的自然环境中，并测其叶根生长情况；再在第三片叶初长出时、部分第四片叶将要长出时各测一次叶面积及根长，并分别统计进行分析对比，同时观察君子兰种子经超声波处理后幼苗的生长情况（见图 5.20）。其结果如表 5.29、表 5.30 所示。

表 5.29　超声波处理君子兰种子后幼苗叶片生长情况

测量次数	项　目		处理时间（min）				
			0	5	10	20	30
第一次	第一片叶	叶面积 (mm²)	1180.33	1643.40	1396.09	1339.18	1637.20
		标准差 (± Sn)	114.60	184.34	191.68	163.04	190.11
		超亲（%）	100	139.23	118.28	113.46	138.71
	第二片叶	叶面积 (mm²)	10.88	14.60	13.45	12.55	13.90
		标准差 (± Sn)	1.73	3.06	2.25	1.97	1.79
		超亲（%）	100	134.19	123.62	115.35	127.78
第二次	第一片叶	叶面积 (mm²)	2069.22	2493.89	2143.40	2439.33	2635.20
		标准差 (± Sn)	347.98	343.65	270.93	228.53	344.83
		超亲（%）	100	120.52	103.58	117.89	127.35
	第二片叶	叶面积 (mm²)	82.22	163.44	88.20	466.22	512.00
		标准差 (± Sn)	35.62	69.77	21.24	106.36	78.29
		超亲（%）	100	198.78	107.27	567.04	622.72
	第三片叶	长出的苗数(%)	20	30	20	70	70
第三次	第一片叶	叶面积 (mm²)	2280.78	2537.63	2360.89	2849.67	3292.20
		标准差 (± Sn)	282.21	288.86	186.93	213.17	246.45
		超亲（%）	100	111.26	103.51	124.94	144.35
	第二片叶	叶面积 (mm²)	1630.67	2055.63	1726.89	2461.67	2716.00
		标准差 (± Sn)	366.37	383.98	319.68	334.02	347.79
		超亲（%）	100	126.06	105.90	150.96	166.56
	第三片叶	叶面积 (mm²)	720.00	1244.00	897.33	1858.44	2042.60
		标准差 (± Sn)	300.00	440.72	352.48	413.10	483.54
		超亲（%）	100	172.78	124.63	258.12	283.69
	第四片叶	长出的苗数(%)	0	0	0	10	20

表 5.30 超声处理君子兰种子后幼苗根系生长情况

测量次数	项目		处理时间（min）				
			0	5	10	20	30
第一次	根长	根长 (mm)	62.70	76.60	64.70	66.50	77.60
		标准差（±Sn）	6.91	12.40	5.58	7.28	11.61
		超亲（%）	100	122.17	103.19	106.06	123.76
	根粗	根长 (mm)	5.56	5.65	5.58	5.68	5.68
		标准差（±Sn）	0.57	0.38	0.44	0.40	0.37
		超亲（%）	100	101.62	100.36	102.16	102.16
第二次	第一根	根长 (mm)	58.22	75.78	68.40	103.56	110.90
		标准差（±Sn）	13.65	17.04	15.02	19.03	13.45
		超亲（%）	100	130.16	117.49	177.89	190.48
	第二根	根长 (mm)	25.29	12.60	13.38	7.50	17.44
		标准差（±Sn）	20.51	11.01	19.92	8.26	18.64
		超亲（%）	100	49.82	52.91	29.66	68.96
	第三根	长出的苗数（%）	10	20	20	30	20
第三次	第一根	根长 (mm)	66.22	76.75	70.33	106.22	121.920
		标准差（±Sn）	13.03	13.18	14.41	21.38	23.45
		超亲（%）	100	115.90	106.21	160.404	184.08
	第二根	根长 (mm)	37.67	39.75	39.89	68.11	88.20
		标准差（±Sn）	15.87	24.56	22.70	32.69	19.81
		超亲（%）	100	105.52	105.89	180.816	234.14
	第三根	根长 (mm)	25.33	30.670	30.83	56.38	58.10
		标准差（±Sn）	24.54	25.55	21.498	32.38	26.98
		超亲（%）	100	121.08	121.71	222.58	229.37
	第四根	长出的苗数（%）	20	40	40	50	60

由表 5.29 和表 5.30 看出，经多次试验证明，用超声波处理君子兰种子，可促进种子生根发芽，并促进幼苗生长。不论是叶面积、根系的生长长度，还是支根的生长，虽在前期不显著，但都比对照的幼苗发育快，尤以超声波处理君子兰种子 20 min 和 30 min 为优（见图 5.20b、c 幼苗生长和对照对比所示），叶大，根长又粗，根系发达。说明超声波能促进幼苗的生长发育，为培育君子兰新品种提供了试验依据。

  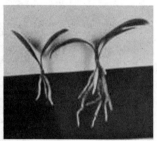

对照 5 10 20 30 min　　　　对照 20 min　　　　　　对照 30 min
a 超声波处理不同时间　　　b 超声波处理 20 min　　c 超声波处理 30 min

图 5.20　超声波处理君子兰种子后幼苗生长情况

5.7.3　羽扇豆

羽扇豆为豆科羽扇豆属多年生草本植物，多以春秋播种进行人工繁殖，因羽扇豆具有丰富的花色及特别的植株形态，观赏价值很高，是园林植物造景中的配置材料，用作花境背景或在林缘河边丛植、片植等，会使人们的视觉产生别样的感受，因而被专业人士重视。羽扇豆还可作为猪和奶牛的良好饲料，用于青饲和放牧，有强劲的市场需求，因此在农、林、牧业里具有巨大的开发价值。郭克婷等 [5] 为了市场需求，采用超声波处理羽扇豆种子，以研究羽扇豆种子的萌发及活力。其方法是将籽粒饱满的羽扇豆种子进行漂洗后装入纱布袋中，放入超声波清洗槽内进行超声波处理，温度控制在 5℃之内。分别处理 5、10、15、20、25 min，再浸种 12 h，放入种子发芽盒中，每处理 50 粒种子，重复 3 次，于温度为 25℃ 的培养箱中发芽。每天观察并记录种子发芽情况，第 7 d 统计发芽率，并对幼苗重量称重，计算发芽势、发芽指数、活力指数。其结果见表 5.31。

表 5.31　不同超声波处理时间对羽扇豆种子发芽特性的影响

处理时间 (min)	发芽势 (%)	发芽率 (%)	幼苗重量(g)	发芽指数	活力指数
CK	40.00 a	49.33 c	1.547 c	11.0 b	17.0 a
5	50.67 a	62.66 ab	1.794 ab	14.0 a	25.1 a
10	44.00 a	58.67 b	1.712 bc	12.6 ab	21.5 ab
15	41.33 a	70.67 a	1.963 a	13.4 a	26.3 a
20	45.33 a	65.33 ab	2.033 a	13.4 a	27.2 a
25	44.00 a	66.65 a	1.929 a	14.5 a	27.9 a

注：同列中不同英文小写字母表示各处理间在 $P < 0.05$ 水平上存在差异显著性。

由表 5.31 看出，采用超声波处理羽扇豆种子后，羽扇豆种子的发芽能力、萌发特性各指标均高于对照。而活力指数是反映种子活力的综合指标，粗壮发达的根系有利于幼苗的生长和抵御外界不良环境的影响。因此综合分析来看，以超声波处理 20、25 min 的效果最佳，其中处理 20 min 后胚根较粗壮，其发芽势、发芽率分别比对照提高 13.33% 和 32.43%，发芽指数和活力指数分别比对照高 21.82% 和 60.00%。采用超声波处理羽扇豆种子试验为羽扇豆的标准化育苗及规模化生产提供了技术依据。

通过以上超声波处理花卉种子的例子看出，花卉主要以观赏性为目标，且以无性繁殖方法为主。但为了扩大花卉种植，促进花卉发展，改变无性繁殖为有性繁殖。利用超声波处理花卉种子新技术，不但可提高种子萌发率，而且可促进幼苗的生长发育，缩短幼苗的生长期，培养新的花卉品种，为有性繁殖进行人工培育提供了理论依据，促进了超声波处理种子新技术的广泛应用。

参 考 文 献

[1] 赵丽荣，吴迪，林萍，等.观赏植物育种研究进展[J].山东林业科技，2007(6)：77-80.

[2] 王侠礼.花卉品种退化原因及其预防措施[J].种子科技，2004(5)：284-285.

[3] 苏家乐，李畅，陈璐，等.不同预处理方法对牛皮杜鹃和小叶杜鹃种子萌发的影响[J].植物资源与环境学报，2011，20(4)：64-69.

[4] 郭孝武.超声波对君子兰种子发芽及幼苗生长的影响[M]// 中国经济技术发展优秀文集：科学技术卷(下册).北京：中国文史出版社，2003：50-54.

[5] 郭克婷，潘春香.超声波处理对羽扇豆种子活力及生理特性的影响[J].湖北农业科学，2016，55(8)：5282-5285.

— 第 **六** 章 —

超声波处理植物种子新技术
与农业现代化及发展前景

超声波处理植物种子新技术是植物种植业中播种前预处理应用的新技术之一，是我国应用于各种农作物和人工种植中草药材、人工植树造林等生产领域中的种植前种子预处理的方法。

随着现代科学技术的发展以及人民生活水平和质量的不断提高，"回归自然"的世界潮流和保护生态环境的意识日益增强，为深入研究开发绿色、无公害农产品提供了良好的环境。为了使农产品规范化并且走出国门，进入国际农业主流市场，必须提高农产品的质量和产量，而应用新技术是提高农产品质量、产量的有效方法。超声波处理植物种子新技术是为农业现代化提供的客观可靠的手段之一。

6.1 超声波处理植物种子新技术与农业现代化

农业现代化是社会发展的必然趋势，是农业国际化的前提。生态农业、有机农业、绿色农业都离不开与各相关学科的紧密结合，以实现生态、生产、经营的有机统一与协调发展。农业现代化的实施，必须采用新技术、新方法。而超声波处理植物种子新技术是农业现代化新技术应用的一门学科，它处理方法简单、成本低、效果好、无污染、设备简单、易掌握，是实现农业现代化的新技术之一。由此看出，通过超声波处理植物种子新技术与农业现代化、国际化各项工作的紧密结合，完全可以生产出能被国际市场所接受的、符合国际标准的现代农业产品，使我国农产品尽快进入国际农业主流市场，这与农业现代化有着相辅相成的密切关系。

在我国，超声波处理植物种子技术是于 20 世纪 80 年代在农业领域迅速发展起来的新技术。将超声波处理植物种子技术引入现代化农业的研究开发，能提高农产品的产量和质量，使其达到国际化的标准。所以，对超声波处理植物种子新技术的深入研究，可以改变原来的生产模式，加速农业种植产业化，有利于农业现代化的实现。

6.1.1 农业现代化的含义 [1]

农业现代化，实质上就是农业与现代科学技术、现代学术思想以及现代文化的结合，是在人们对现实生活及生态环境要求的基础上而发展的。即运用现代科学技术方法开发现代农业，实现农业无污染的绿色大地 (大地园林化)，用机械设备武装农业 (操作机械化)，做好农田水利建设（农田水利化），进行科学种植（栽培科学化），获得品质优良的农业产品（品种良种化），达成农村工业体系（农村工业化），促使农业产品满足人们要求。应当说，农业的现代化是要合理利用自然资源，管理好农业，使大地向绿色发展。

由农业现代化的含义可看出，农业现代化是农业国际化的必要基础，农业国际化是农业现代化的重要目标，现代农业是农业现代化和国际化的产物。运用现代科学技术来研究现代农业，改革传统种植方法和种子质量，使大地绿色化，是农业现代化的重要途径，必将为农业现代化研究注入新的活力，助力实现农业现代化。

6.1.2 农业现代化的研究内容 *

农业现代化是指将传统农业的特色和优势与现代科学技术相结

---

* 知识问答，农业技术与信息：45

合，按照国际标准规范要求对农业进行研究、开发、生产、管理，并适应当今社会发展需求。

其研究内容为：

①用现代工业装备农业，打破以小生产为特征的自然农业的局面；

②用现代科学技术武装农业，逐步取代笨拙落后的生产技术和传统经验；

③由掌握现代科学技术知识的劳动者从事农业，使劳动技能和创造力大为提高；

④在充分认识和掌握自然规律的基础上，比较合理地利用自然资源，不断挖掘土地和气候资源的增产潜力；

⑤采用现代化的经营理念管理农业，实行专业化、商品化、社会化生产，充分发挥人类智慧的能动作用。

综上所述，我国是个农业大国，在当今经济全球化的形势下，我们必须研究农业现代化的发展趋势，立足国情农情，适应新形势，扬长避短，在做好基础工作的前提下，创造条件，大力发展智慧农业、精细农业、信息农业、生态农业等，从而使我国农业尽快走上现代化的道路。

6.1.3 超声波处理植物种子新技术与农业现代化的关系

实现农业现代化必须依靠现代科学技术手段，现代科学技术是实现农业现代化的必要技术，而超声波处理植物种子新技术是现代科学技术学科之一。通过农业种植业的实践，超声波处理植物种子新技术在农业生产中发挥着它特有的作用，所以它与农业现代化有着密切的关系。

（1）超声波处理植物种子新技术是实现农业现代化的种植业技术之一

农业为我国传统资产，农业技术资源是我国劳动人民长期同自然斗争的经验总结，是我国劳动人民智慧的结晶。在农业生产中，传统的种子处理方法——化学农业造成了地力衰退、环境污染、农作物品质下降，甚至危害人体健康。面对农业的飞速发展，国际间的农业种植交流活动的日益频繁及农产品市场的激烈竞争，在这全世界范围内掀起使大地绿色化的形势下，实现农业现代化已成为当务之急。要改变这种现状，增强农产品在国际市场上的竞争地位，必须采用先进技术实现农业现代化，生产出既生态又绿色的环保农业产品。

农业种植前预处理是创造种子发育适宜条件、恢复种子活力、增强种子的固有性能、提高种子活力的有效手段之一。因为高活力的种子出苗整齐、生长快、成熟一致，还能有效地提高植株的品质，增加产量，增强抗逆能力。所以加强种植前的预处理是保证农业丰收的有效方法。

超声波处理植物种子新技术是提高作物种子活力的种植前预处理的方法之一，具有处理方法简单、成本低、效果好、无污染、设备简单、易掌握等特点，且可获得高质量、高产量的农业产品。因此，超声波处理植物种子新技术在农业现代化过程中将会发挥重大的作用，是实现农业现代化的关键种植新技术之一，具有广阔的应用前景。

（2）超声波处理植物种子新技术是农业产业现代化的先进生产程序[2]

改革开放以来，农业发生了根本的变化，改变了化学农业的生产模式，利用现代科学技术经营理念，合理地利用现有土地和气候的自然资源，发挥有限土地的增产潜力，生产出符合人类健康的农作物产品和利于生存的自然环境的绿色植物。从一定意义上说，一个农业产业的现代化，归根结底要体现在农产品的现代化上，需要大幅度提高农业综合生产力、增加农产品的有效供给，以实现农业可持续发展。

采用超声波处理植物种子新技术，有望显著改善农业可控性，提高农业产品的现代化内涵，提高生产现代化程度。超声波处理植物种子新技术是农业种植前预处理而获得农产品增收的一种生产程序，有利于保护生态环境，促进生产出绿色、无公害的农产品。它不但能提高农产品的经济价值，还有利于人的身体健康，所以超声波处理植物种子新技术是农业现代化应用中的物理农业的一种先进的新技术。

（3）超声波处理植物种子新技术是农业现代化走向农业国际化的重要技术

随着人民生活水平和质量的不断提高，人们对绿色、安全、无公害农产品的需求以及保护生态环境的意识也日益增加。在农业生产中，传统的种子处理方法存在着许多问题，需寻求既利于人们健康，又符合国际化要求的农产品种子处理方法。因此，我们一定要抓住这一机遇，改变传统的思维和耕种模式，将现代科学技术与农业开发研究有机地结合起来，使农业现代化有一个飞速、健康、全面的发展。

由上看出，农业现代化要发展，必须进行多学科合作，引用现代的各种种植方法，提高农产品质量；而现代的物理种植方法之一的超声波处理植物种子技术是实现农业现代化的技术手段。因此，农业现代化实施的效果将主要取决于现代先进科学与祖国传统农业耕种技术的渗透与结合，只有应用新技术，加强农业的创新研究，走可持续发展的道路，才能加速农业现代化的步伐。

总之，为了更好地开展农业现代化研究，必须在农业理论体系的指导下，了解现状，掌握方法，明确思路，充分利用现代科学技术的方法与手段，在既往研究工作的基础上，找准方向，选准突破口，方可取得成效，以推动农业产业向现代化高新技术产业方向发展。

6.2 超声波处理植物种子新技术在农业现代化中的发展前景

农业对人类的生存和发展具有重要的意义。农业要发展，必须减少农药和化肥对土壤和环境的污染。走生态农业之路，既要提高作物产量，增加农民收入，又要保护环境，维护生态平衡。这是我国未来农业的重中之重。在这回归自然、崇尚自然，返璞归真的大潮流中，食用无污染的、天然的"绿色农产品"已风靡全世界。因而，远离污染、不使用有污染物的土壤和在绿色环境中获得农产品已成为一种时尚。为了迎合现代人快节奏生活的需求，以适应西部大开发和"一带一路"倡议的共同发展、合作共赢之路的发展形势，发挥物理农业中超声波处理植物种子新技术的作用，生产出天然的农产品就显得尤为重要，使其符合国际化标准要求而走向世界。所以加速改变农业耕作模式，提高农产品质量和品质，实现农业现代化是我国在日趋激烈的国际农产品市场竞争中永远处于领先地位的关键。

目前人们利用传统的种植方法难以适应农业生产实际和现实对预处理的要求。随着科学技术的不断发展，用超声波处理植物种子新技术以增强种子的活性，保证其萌发比例，对社会和人类的进步，改善食物营养结构以及增加植物种子的培育有着重要的意义。且该技术具有处理方法简单、成本低、效果好、无污染、设备简单、易掌握等特点，必将得到更加广泛的利用，具有广阔的发展前景。

6.2.1 超声波处理植物种子新技术在农业植物种植生产应用中具备的优势

物理农业主要以能量与信息的形式作用于农业的生产过程，是一种高效、清洁、无环境污染而且成本低廉的农业技术,对于发展中国"两高一优"的持续农业具有不可替代的重要作用。作为农业生产中最基本的物质载体，农作物生产能力的提高及其利用潜能的开发对提高农业整体的生产效率起着至关重要的作用。而超声波处理植物种子新技术是用不同频率和功率的声波作用于农业生产上处理种子的过程，是提高农作物产量和种植效率的物理技术之一，在农业种植生产中有一定的优势和发展潜力。

（1）超声波处理植物种子新技术是植物种子播种前预处理的简便方法

随着我国经济的不断发展，在进入经济发展新常态的大好形势下，为了促进植物种子活力，使其发芽率、出苗率等指标高于常规（将种子直接播种），以便获得高的产量，常使用晒种、浸种、药剂、菌肥拌种等传统方法以及等离子体、高压静电场、超声波等物理方法和烯效唑浸种、H_2O_2 浸种等化学方法[3]。这些方法各有其特点，都是为了对植物种子在播种前进行预处理，以达到人们预想的目的。通过种植农业生产的实践应用，人们认识到物理农业处理技术既有利于保护生态环境，又可促进生产出绿色、无公害的农产品，且又避免了化学农业处理造成的地力衰退、环境污染、农作物品质下降，甚至危害人体健康等弊端。物理农业处理技术中的超声波预处理植物种子新技术具有处理时间短、方法简单、操作方便；处理种子种植后能促进植物幼苗生长、有效增强植物抗病、抵御自然灾害及适应环境变化的能力；改善环境质量；对人体健康无危害，并能提升农产品的品质等优势。所以利用超声波对植物种子播种前进行预处理已广泛用于各种植物种植领域中，并从许多田间实验实践证明，超声波处理植物种子新技术是植物种子播种前预处理的简便方法，在农业生产应用中将会显示出它的威力和广阔前景。

（2）超声波处理植物种子新技术是农业植物作物增产的捷径

在农业大生产中，要生产出优质高产的植物产品以满足人们的生活需求，就必须通过不同的方法使植物苗壮生长，以获得植物作物的增产，除选种、施肥等各种方法外，人们又在种子种植前将种子进行预处理，以便获得增产效果。而超声波处理植物种子新技术是提高种子活力、促进幼苗生长的一条重要途径；它既有利于保护生态环境，又可加速生产出绿色、无公害的农产品；在提升农产品的经济价值的同时，又不影响人的身体健康，且具有预处理方法简单、成本低、效果好、无污染、设备易掌握等特点，以及有节能降耗、绿色环保和改善品种素质等优点，所以发展现代物理农业中的超声波处理植物种子新技术具有可观的经济效益、社会效益和生态效益，备受国内专家学者的关注。因此，超声波处理植物种子新技术是农业规模化生产中植物作物增产的捷径。

（3）超声波处理植物种子新技术是为"一带一路"沿线国家提供优质农产品贸易的新技术

我国是一个有着几千年历史的传统农业大国，农业资源十分丰富，中国与"一带一路"沿线国家农产品贸易潜力巨大。据UNCOMTRADE 数据库统计[4]，2001 年我国农产品的出口额是 166.26 亿美元，2016 年达到 754.76 亿美元，增长了 3.54 倍；2001 年进口额为 201.25 亿美元，2016 年达到 1548.59 亿美元，增长了 6.69 倍，为我国所有商品总进口额的 9.75%。所以，只有开展"一带一路"区域性农业合作协同发展，实施"一带一路"倡议，才能推进我国与沿线国家关系，使双方的农产品贸易有更大的发展空间。因此，我们要用先进的科学技术方法种植，充分利用双方农产品的互补性，为沿线各国提供环保、安全的优质出口农产品，才能得到优质的、符合我国要求的农产品，加强双方的贸易关系。通过数十年利用超声波处理植物种子新技术在我国植物种植方面取得的成果的广泛应用，证明了超声波处理植物种子新技术必将成为为"一带一路"沿线国家提供优质农产品贸易的新技术。

总之，超声波处理植物种子新技术在农业大生产广泛应用中，为我国提高农业作物产量和品质提供了有利的实施条件，是保护生态环境，提高种子活力的一条重要途径，具有广泛的应用前景。将超声波处理植物种子新技术与计算机及其他先进技术相结合，必将在"一带一路"的农业战略布局中发挥出更大的作用，融合丝绸之路沿线新兴经济体的农业资源特色，以提升现代农业产业链位置与区域竞争力，实现生态、生产、经营的有机统一与协调发展，提供高质量、稳定可靠的更多的农业产品。

6.2.2 超声波处理植物种子新技术在农业现代化种植业中的发展趋势[5]

随着科学技术的发展、农产品的增多，农业生产中需要通过科学的方法种植，以获得高质量的农业产品。通过超声波处理植物种子新技术在农业植物种植业生产实践中的广泛应用，推动了农业育种生产的种植，不但提高了植物种子的活力，促进了植株生长，而且还提高了农业植物作物的产量和品质，推进了农业种植业生产的发展进程。所以，超声波处理植物种子新技术作为一种利用安全高效的物理技术来处理种子和植株幼苗的方法，不但适用于与人们生活相关的粮食、蔬菜等作物，而且也适用于经济、林、牧的植物种子的育种种植，目前已在生物科学领域有广阔的应用。以下就此谈谈目前在农业实际种植中超声波处理植物种子新技术应用的可能性和发展前景。

（1）超声波处理植物种子新技术在农业种植业应用的可能性

随着超声波处理植物种子新技术在农、林、牧的植物种子处理方面被大量使用，给农业植物种植应用带来了很大希望，收到了很好的效益，达到了一定的预期效果，得到了群众的认可，为我国农业生产的发展做出了贡献。其一，为了促进现代种业发展，激发创新活力，释放创新潜能，国家实施了对现代种业发展的支持政策，推动我国种业创新驱动发展和种业强国建设。借此机遇，必须应用现代科学技术，保护、培植和充分利用自然资源，防止和减少环境污染，走生态农业发展道路。超声波处理植物种子新技术是一种植物种子预处理的无污染的、环保的新技术。其二，超声波处理植物种子新技术的设备结构简单、成本低、操作维修简便，而且还能够进行大量种子处理，为大面积种植，缩短播种期提供了条件。因此，超声波处理植物种子新技术已成为农业增产的综合技术措施之一。其三，第四章的应用试验结果说明了超声波处理植物种子新技术应用的广泛性，且能提高植物作物农产品的产量和品质，为"一带一路"沿线国家提供优质农产品，提高出口贸易额，增加外汇收入。超声波处理植物种子新技术应用于农业种植业生产中完全是可能的。

（2）超声波处理植物种子新技术在农业现代化中的发展趋势

农业现代化的过程，实际上也是农业技术不断应用的过程，依靠科学技术的不断进步和创新，不断加强绿色技术的研发、推广和应用，大幅度提高农业综合生产力、增加农产品有效供给、促进农民增收的过程和手段，是实现农业现代化发展的趋势。超声波处理植物种子新技术对植物种子进行预处理后，能够保持和提高植物种子活力，对于贮藏后的种子能增强种子的固有性能，恢复种子活力，促使种子提前发芽、出苗整齐、生长快、成熟一致，增强植株的抗逆能力，同时提高植株的品质，增加收获产量。所以，随着电子技术、计算机技术和新材料科学与技术的发展，对植物种子在种植前进行预处理的超声波处理新技术的发展趋势为：充分利用地域性农业优势，加快改革，创新农业发展方式，增加农民收入，走新时代的农业发展之路。

超声波是一种物理振动机械波，其能量具有可控性。将超声波处理植物种子新技术应用到作物种子和幼苗植株的预处理中，可以很好地改善其品质并且提高产量，是一种安全高效的无污染的物理技术，它将会在生物科学及农业植物种子种植的各个领域得到广泛的应用。

同时，将超声波处理农作物种子新技术与物理农业中远红外线辐射等育种方法结合起来进行，以诱发植物突变，从中选育出优良植物变异个体，再通过一系列育种程序，培育新品种，提高农作物植物对自然环境的适应性和抗自然灾害的能力，使农作物获得高质、高产。我们可以设想，用不了多久，超声波处理植物种子新技术作为强化农业生产过程的新技术，将会为我国的社会主义农业现代化起到它特有的作用。

6.2.3 发展农业现代化种植业的建议

随着科学技术的发展，电子高速网络打开了科技知识传播的大门。进入 21 世纪，超声波处理植物种子新技术已应用到了不同的植物种子种植领域中，其发展之迅猛、研究之深入、应用之广泛，可看出人们在种植中对植物种子预处理技术的关注。在互联网时代，在发达的知识高速网络的大道上，我们应该利用这一高速传播的电子网络快车，乘"一带一路"的全球经济链，使世界各国经济形成一个紧密的"共同体"，互相交流、互相学习、互相研究、互相帮助，不断提升对农业植物种子的预处理技术水平，促进农业大发展。在此建议：

（1）利用互联网，建立农业信息交流平台

随着现代科技的进一步发展，超声波处理植物种子新技术在网络信息化发达的 21 世纪，在农业领域的植物种子种植应用中，更显现出它的优越性；还在中草药野生变家种、林牧飞机撒种直播等领域中发挥了极大的作用。

在信息化覆盖各个领域和各大行业的当下，必须加快转变农业种植的发展方式，调整农业结构，调整布局，确保资源有效利用。充分利用互联网，建立农业种植方法数据库，为超声波处理植物种子新技术的推广和应用提供一个交流平台，防止重复小型试验，加强田间推广应用，使其种植达到农业现代化的要求。

在农业信息平台上互相交流种植育种经验、运用新技术提高种植增产的方法，加快完善传统农业的进程，以促进农业良性发展，达到信息技术互通。进一步加速超声波处理植物种子新技术在农业种植领域中的研究和应用进程，保护环境，生产绿色安全的农产品。推广物理农业的超声波预处理植物种子新技术，加快实施农业战略，开展科学种植，实现农业粮食增产，促进农业现代化发展。

（2）加强育种新技术研究，培育出满足农业生产和需求的新品种

育种不光是为了促进种子发芽率，增强幼苗生长，提高农业生产的收获产量，同时要培养出能满足农业生产和生活需求的优质、丰产、抗病、抗自然灾害的新品种。所以在种植研究中，不但要善于观察、留意，发现种植中新的优异种苗，还要利用新技术培养特别优良的新品种，同时探索杂种优势中的新种群，这才是植物种子种植领域的总目标。在进行推广超声波预处理植物种子新技术的过程中，要注重种植中出现的不同现象，加强研究、探讨，并定向选配优良的杂交组合技术，探索杂种优势，培育出品质特别优良，对某些特殊病害或逆境有显著抗性的品种。

（3）重视国内外优质种质资源的搜集、保存和创新利用工作

信息化带来了信息技术的互通，我们要利用这一优越的条件，加快完善传统农业的进程，促进农业良性发展。在育种过程中要重视品质特别优良，对某些特殊病害或逆境有显著抗性的优质种质的收集、保存和选育，培育出满足我国生产条件和环境的优质、丰产、抗病、抗逆的新品种，创造出更多聚合多种优异性状的优异种质新成果，以达到种植的目标，加强创新，实现信息时代的我国农业现代化蓝图。

总之，超声波处理植物种子新技术在农业种植育种中的应用正蓬勃展开，已取得了丰硕成果，它的出现会对农业现代化产生深远的影响。这不但丰富了它的内容，而且对农业产品开发利用具有推动作用，为提高农产品产量和品质提供了新的方法，对发展我国的农产品具有特别重要的实用价值，对农业耕作模式的变革也产生积极的影响。特

别在全世界崇尚自然，返璞归真的大潮流中，开发天然的植物农产品尤为重要。在此，超声波处理植物种子新技术将以它的独特作用在农、林、牧等领域中发挥重大作用。超声波预处理技术以声学和农业种植相结合，在这高速网络的海洋里，乘着知识的航船，沿着农业生产发展的航道，朝着农业现代化目标前进。它将会在农业种植育种的百花园地里开出鲜艳的花朵，成为百花园中绽开的奇葩。

参 考 文 献

[1] 陈锡文. 什么是农业现代化 [J]. 财经政法资讯，2013 (3)：56.

[2] 唐红卫. 新时期农业推广的内容及与农业现代化之间的关系 [J]. 北京农业，2014(30)：312.

[3] 吴海燕，欧阳西荣. 粮食作物种子处理方法研究进展 [J]. 作物研究，2007，21(5)：525–430.

[4] 程撒撒. 中国与"一带一路"沿线国家农产品贸易潜力研究 [D]. 南京：南京大学，2018.

[5] 刘山，欧阳西荣，聂荣邦. 物理方法在作物种子处理中的应用现状与发展趋势，作物研究，2007，21(5)：520–524.

后　记

利用超声波所产生的各种效应来促进植物种子的发育，提高农作物植物产品的品质和产量，是国际上农业应用研究的一个重要内容。本书不但整理了播种前超声波预处理植物种子新技术在人们生活需求的农业粮食和蔬菜、经济作物上的应用，还叙述了超声波预处理植物种子新技术在中草药材、林木、植草业、花卉等农、林、牧种植方面的实验情况，而且又从大批量的植物种子处理后的种植实验中探讨了超声波预处理植物种子新技术的规律性和能促进植物萌发活力并提高植物产品产量的机理，以及植物生长的变化情况，来证明超声波预处理植物种子新技术对农业植物有促生、提高植物收获产量和品质、加速农业种植速度的效果，为实现农业植物优质优育提供了条件，为农业大生产的种植提供了理论基础和一种新的预处理方法。

陕西师范大学应用声学研究所的研究者们在多年对小麦种植和与西安植物园协作对中草药植物种子进行超声波处理的实验中，通过大面积的种植，获得了增产的显著效果。"桔梗野生变家种的研究"和"丹参野生变家种的研究"分别于 1979 年 4 月和 1980 年 4 月获陕西省科学技术委员会科技成果二、三等奖；对小麦用超声波结合光照射进行探讨，于 1992 年 10 月经专家评审，属国内先进，获国家级科技成果，刊于国家科委科技成果公报上。广州市金稻农业科技有限公司制造的超声波处理技术与设备，于 2019 年经专家评审为我国农业农

165

村部科技成果。这些取得的显著效果，都为超声波单独或与其他物理方法联合处理植物种子进行种植提供了实验基础，促进了超声波处理技术在植物种植的不同领域得到广泛应用。

在 21 世纪中，随超声波处理在农业种植中的广泛应用，出现了许多符合农业种植育种要求的各种新型的超声波设备和对超声波处理植物种子的理论的研究探讨，为农业各领域的种植提供了在播种前进行植物种子预处理的条件，为扩大超声波应用提供了理论依据和实施条件。在实践中，我认为若将超声波处理的方法结合计算机及其他先进的预处理技术，将使农业产品的增产和品质提升的效果更佳。要抓住我国实施"一带一路"策略的大好机遇，使超声波处理植物种子新技术在我国农业现代化中发挥它的特有优势，应用于农业大生产中，加速实现农业现代化。不忘初心、牢记使命，但愿超声波处理植物种子新技术能为我国的农业现代化起到它应起的作用，发挥它巨大的发展潜力。

郭孝武

2021 年 1 月于西安